中等职业教育国家规划教材
全国中等职业教育教材审定委员会审定
全国建设行业中等职业教育推荐教材

装饰构造

（建筑装饰专业）

主　编　童　霞
参　编　古培琪　焦　涛　饶　武
审　稿　路新瀛　廉慧珍

中国建筑工业出版社

图书在版编目（CIP）数据

装饰构造/童霞主编. —北京：中国建筑工业出版社，2003

中等职业教育国家规划教材. 全国中等职业教育教材审定委员会审定. 全国建设行业中等职业教育推荐教材. 建筑装饰专业

ISBN 978-7-112-05402-2

Ⅰ. 建...　Ⅱ. 童...　Ⅲ. 工程装修-专业学校-教材　Ⅳ. TU767

中国版本图书馆 CIP 数据核字（2003）第 008772 号

本书是建筑装饰专业面向21世纪中等职业教育国家规划教材和全国建设行业中等职业教育建筑装饰专业推荐教材。全书共六章，分别叙述了民用建筑的楼地面、墙面、室内顶棚、其他装饰构造和特殊装饰构造。在特殊装饰构造一章中，对幕墙、采光顶、柱面、设备与装饰等方面的构造进行了具体介绍。

本书不仅适用于中等职业学校建筑装饰专业教学，还可供室内设计、装饰施工、建筑技术等专业参考。

中 等 职 业 教 育 国 家 规 划 教 材

全国中等职业教育教材审定委员会审定

全国建设行业中等职业教育推荐教材

装饰构造

（建筑装饰专业）

主编　童　霞

参编　古培琪　焦　涛　饶　武

审稿　路新瀛　廉慧珍

*

中国建筑工业出版社出版、发行（北京西郊百万庄）

各地新华书店、建筑书店经销

北京云浩印刷有限责任公司印刷

*

开本：787×1092 毫米　1/16　印张：7　字数：170 千字

2003 年 5 月第一版　　2016 年 2 月第十三次印刷

定价：**14.00** 元

ISBN 978 - 7 - 112 - 05402 - 2

（20953）

中等职业教育国家规划教材出版说明

为了贯彻《中共中央国务院关于深化教育改革全面推进素质教育的决定》精神，落实《面向21世纪教育振兴行动计划》中提出的职业教育课程改革和教材建设规划，根据教育部关于《中等职业教育国家规划教材申报、立项及管理意见》（教职成［2001］1号）的精神，我们组织力量对实现中等职业教育培养目标和保证基本教学规格起保障作用的德育课程、文化基础课程、专业技术基础课程和80个重点建设专业主干课程的教材进行了规划和编写，从2001年秋季开学起，国家规划教材将陆续提供给各类中等职业学校选用。

国家规划教材是根据教育部最新颁布的德育课程、文化基础课程、专业技术基础课程和80个重点建设专业主干课程的教学大纲（课程教学基本要求）编写，并经全国中等职业教育教材审定委员会审定。新教材全面贯彻素质教育思想，从社会发展对高素质劳动者和中初级专门人才需要的实际出发，注重对学生的创新精神和实践能力的培养。新教材在理论体系、组织结构和阐述方法等方面均作了一些新的尝试。新教材实行一纲多本，努力为教材选用提供比较和选择，满足不同学制、不同专业和不同办学条件的教学需要。

希望各地、各部门积极推广和选用国家规划教材，并在使用过程中，注意总结经验，及时提出修改意见和建议，使之不断完善和提高。

教育部职业教育与成人教育司

2002年10月

前　言

《建筑装饰构造》是中等职业学校建筑装饰专业的一门主干专业课程。本课程在内容上以建筑装饰构造的基本原理为主，着重讲述民用建筑装修中常用的构造形式、做法及一些常见的施工工艺，并选编了全国通用的标准图及大量的实际工程详图，以便组织教学。同时，也有利于工程技术人员自学。为了进一步巩固所学知识，每章节后均有思考题与习题。

本课程的主要任务是使学生初步掌握建筑装饰构造的基本原理和方法，了解装饰构造与建筑、结构、材料、设备、施工等方面的关系，能够对建筑装饰的构造方案作初步的分析，具有进行构造设计及绘制施工详图的初步能力。

本教材采用了国家的现行规范和规定，内容符合教育部最新颁布的中等职业学校建筑装饰专业教育标准和教学大纲的要求。采用模块结构，即理论知识基础模块——必学，选用模块——各校根据情况选择性教学，实践性教学模块——加强动手能力。教学安排参见下表。在编写过程中，力求使教材内容易懂、易记、易运用，重点突出，图文并茂。

序号	课程内容	教学时数			
		讲　授	课程设计	实习实践	合　计
1	建筑装饰构造设计概论	2			2
2	楼地面装饰构造	8	2		10
3	墙面装饰构造	8	4		12
4	室内顶棚装饰构造	6	4		10
5	其他装饰构造	4	2		6
6	特殊装饰构造	4			4
7	机动	2		2	4
	小计	34	12	2	总计 48

注：选用模块由各校根据具体情况安排。

本书由河南省建筑工程学校童霞高级讲师主编，并编写第一、四章，焦涛讲师编写第三章，广西建筑工程学校古培琪讲师编写第二、五章，广东建筑工程学校饶武讲师编写第六章，全书由清华大学路新瀛、廉慧珍两位教授主审，江西省建筑工程学校徐友岳高级讲师参与了审稿工作。在编写过程中得到刘焱、童强等有关人士的大力帮助，谨表示衷心感谢。

由于编写水平有限，时间仓促，书中难免有不妥之处，欢迎使用本书的广大师生和读者指正，以便修改补充。

目　录

第一章 建筑装饰构造设计概论

建筑装饰构造就是使用建筑材料、建筑制品、装饰性材料对建筑物的墙面、柱面、楼地面、顶棚、门窗、楼梯等可见部位，进行装潢和修饰的构造做法。

建筑装饰构造是一门综合性的工程技术学科，它应该与建筑、艺术、结构、材料、设备、施工等方面密切配合，提供合理的装饰构造方案，作为装饰设计中综合技术方面的依据和实施装饰设计的重要手段，同时，它也是装饰设计不可缺少的组成部分。

建筑装饰构造是一门实践性很强的技术课程，因此要求我们通过对材料的接触、施工现场的参观，逐步熟悉建筑装饰构造，最后达到看懂和绘制出装修施工图纸。

本章着重介绍装饰构造设计应该满足的原则、构造方法与装饰效果、装饰构造的基本类型。

第一节 建筑装饰构造设计的一般原则

装饰构造设计应遵循以下基本原则，才能保证装饰质量，提高施工速度，节约材料和降低造价，成为最佳的构造方案。

一、满足使用功能要求

建筑装饰的主要使用功能有：

1.保护建筑构件

建筑构件在大气中，会受到各种介质的侵蚀，如金属制品会被氧化锈蚀，水泥制品会被侵蚀疏松，竹木等有机纤维材料会腐朽。建筑装饰中采用的油漆、抹灰等覆盖性处理，可以提高其防水、防锈、防酸碱的性能，并且保护这些建筑构件，避免碰撞引起的开裂，延长使用年限。

2.改善空间环境

对建筑物室内外进行装饰，可以为人们创造良好的生活、生产、工作环境。如：墙裙可使厨房、厕所不易污染，且易清洗，改善了室内清洁卫生条件；浅色的贴面，能保持建筑物清新整洁的外观；反光灯槽的做法，能提高光线反射率，增加室内与周围环境的亮度，丰富环境色彩；软包、多孔罩面的运用，能改善建筑物的热工、声学、光学等性能。

2001 年国家发布，2002 年实施的《民用建筑室内环境污染控制规范》（GB 50325—2001），对建筑材料和装修材料选择、勘探、设计、施工、验收等的工作及工程检测提出了具体的技术要求。例如：民用建筑工程根据控制室内环境污染的不同要求，划分为Ⅰ类民用建筑工程（住宅、医院、老年建筑、幼儿园、学校）和Ⅱ类民用建筑工程（办公楼、商店、旅馆、文化娱乐场所、书店、图书馆、展览馆、体育馆、公共交通候车室、餐厅、理发店等）；民用建筑工程所用材料的放射性指标和污染物中的游离甲醛、总挥发性化合物（TVOC）、苯等的含量应符合规范要求；民用建筑工程验收时，必须进行室内环境污染物浓度检验（表1-1)。总之，只有严格按规范执行，才能有效地控制由建筑材料和装修材料产生的室内环境污染，保证使用者的健康。

民用建筑工程室内环境污染浓度限量 表1-1

污染物	Ⅰ类民用建筑工程	Ⅱ类民用建筑工程	污染物	Ⅰ类民用建筑工程	Ⅱ类民用建筑工程
氡（Bq/m^3）	≤200	≤400	氨（mg/m^3）	≤0.2	≤0.5
游离甲醛（mg/m^3）	≤0.08	≤0.12	TVOC（mg/m^3）	≤0.5	≤0.6
苯（mg/m^3）	≤0.09	≤0.09			

3．使用方便

在不影响建筑及结构使用安全的情况下，利用厚墙挖洞，布置各种搁板、壁橱，或在上部空间设置阁楼、吊柜，可提高建筑有效面积，为工作、生活提供便利条件。

4．协调各工种之间的关系

有现代化设备的建筑物，尤其是一些有特殊要求的或大型的公共建筑，它们的结构空间大，功能要求多，各种设备错综布置，相互位置关系复杂。常利用装饰的各种做法，如风口、窗帘盒、灯具等设施与顶棚或墙面进行有机的组合，不仅可以减少这些设备所占据的空间，同时也起到美化建筑物的作用。装饰工程往往是建筑施工的最后一道工序，它可以进一步调整各技术工种之间的矛盾。如果装饰应用得当，构造方法合理，施工操作细致，可增加全工程的完整性和精确性，从而更好地满足使用功能要求。

二、满足精神功能要求

建筑装饰设计必须满足人们的审美和舒适的要求。建筑装饰构造设计应根据建筑装饰设计的整体艺术构思，来选择装饰材料、构造做法及细部处理。

三、安全可靠，坚固耐久

建筑装饰工程，无论室外还是室内，都应确保其在施工和使用阶段的安全可靠性及耐久性，一般应考虑以下几个方面：

1．装饰构件自身的强度、刚度和稳定性

装饰构件自身的强度、刚度和稳定性不但直接影响装饰效果，而且可能会对人造成伤害。例如：玻璃幕墙的覆面玻璃和铝合金骨架以及它们之间的连接，在各种正常荷载的作用下，如果它们的强度、刚度等不足，可能会导致玻璃破碎脱落，危及生命和财产安全。

2．装饰构件与主体结构的连接安全

连接节点承担外界作用的各种荷载，并传递给主体结构，如果连接节点强度不足，会导致整个装饰构件坠落造成伤害，十分危险。例如：吊顶、灯具等构配件，就要确保其与主体结构的连接可靠。

3．主体结构安全

建筑装饰往往给主体结构增加很大荷载，使其安全度降低。例如：在楼板上做地面，楼板下做吊顶将增加荷载；为了重新布置室内空间，往往需要取消或增加部分隔墙，甚至承重墙，这不但会带来荷载的增加或减少，还可能会导致主体结构受力性能的变化，有可能影响主体结构安全。

4．耐久性

建筑装饰材料及其构造做法，都应根据使用性质与建筑质量标准，选择恰当的耐久年限。

四、满足施工、维修方便的要求

装饰工程要通过施工制作将装饰设计变为现实，工期约占整个施工过程的30%～40%，而高级建筑装饰的施工期可达50%，甚至更多。因此，装饰构造方法应便于施工制作，便于各工种之间的协调配合。提高装饰构造的工业化程度，减少现场作业特别是现场湿作业，对装饰工程质量、工期、造价都有着重要的意义。装饰构造设计还应考虑维修方便以及设备检修方便，例如：吊顶内部如有设备，应考虑进出顶棚内部的上人孔、必要的高度和行走走道。

五、满足防火要求

1995年国家颁布了《建筑内部装饰设计防火规范》（GB 50222—95），对建筑装饰工程装饰材料的选用和防火措施，作了详细的规定。例如：不同部位材料的燃烧性能等级选择，一定要与建筑场所的性质、规模、部位相一致（装饰材料燃烧性能等级及单层、多层建筑内部各部位装饰材料的燃烧性能等级详见表1-2、表1-3）；建筑内部装饰不应遮挡消防设施和疏散指示标志及出口，并且不应妨碍消防设施和疏散走道的正常使用；灯饰所用材料的燃烧性能等级不能低于B_1级。总之，只有严格执行规范，按规范要求进行设计和施工，才能有效地防止火灾。

装饰材料燃烧性能等级 **表1-2**

等级	A	B_1	B_2	B_3
燃烧性能	不燃烧	难燃烧	可燃烧	易燃烧

单层、多层建筑内部各部位装饰材料的燃烧性能等级 **表1-3**

<table>
<tr><th rowspan="3">建筑物及场所</th><th rowspan="3">建筑规模</th><th colspan="8">装饰材料燃烧性能等级</th></tr>
<tr><th rowspan="2">顶棚</th><th rowspan="2">墙面</th><th rowspan="2">地面</th><th rowspan="2">隔断</th><th rowspan="2">固定家具</th><th colspan="2">装饰织物</th><th rowspan="2">其他装饰材料</th></tr>
<tr><th>窗帘</th><th>帷幕</th></tr>
<tr><td rowspan="2">候机楼的大厅、贵宾室、售票厅、商店、餐厅等</td><td>建筑面积＞10000m^2的候机楼</td><td>A</td><td>A</td><td>B_1</td><td>B_1</td><td>B_1</td><td>B_1</td><td></td><td>B_1</td></tr>
<tr><td>建筑面积≤10000m^2的候机楼</td><td>A</td><td>B_1</td><td>B_1</td><td>B_1</td><td>B_2</td><td>B_2</td><td></td><td>B_2</td></tr>
<tr><td rowspan="2">汽车站、火车站、轮船客运站的候车室、餐厅、商场等</td><td>建筑面积＞10000m^2的车站码头</td><td>A</td><td>A</td><td>B_1</td><td>B_1</td><td>B_2</td><td>B_2</td><td></td><td>B_1</td></tr>
<tr><td>建筑面积≤10000m^2的车站码头</td><td>B_1</td><td>B_1</td><td>B_1</td><td>B_2</td><td>B_2</td><td>B_2</td><td></td><td>B_2</td></tr>
<tr><td rowspan="2">影院、会堂、礼堂、剧院、音乐厅</td><td>＞800座位</td><td>A</td><td>A</td><td>B_1</td><td>B_1</td><td>B_1</td><td>B_1</td><td>B_1</td><td>B_1</td></tr>
<tr><td>≤800座位</td><td>A</td><td>B_1</td><td>B_1</td><td>B_1</td><td>B_2</td><td>B_1</td><td>B_1</td><td>B_2</td></tr>
<tr><td rowspan="2">体育馆</td><td>＞3000座位</td><td>A</td><td>A</td><td>B_1</td><td>B_1</td><td>B_1</td><td>B_1</td><td>B_1</td><td>B_2</td></tr>
<tr><td>≤3000座位</td><td>A</td><td>B_1</td><td>B_1</td><td>B_1</td><td>B_2</td><td>B_2</td><td>B_2</td><td>B_2</td></tr>
</table>

续表

建筑物及场所	建筑规模	装饰材料燃烧性能等级							
		顶棚	墙面	地面	隔断	固定家具	装饰织物		其他装饰材料
							窗帘	帷幕	
商场营业厅	每层建筑面积＞3000m² 或总建筑面积＞9000m² 的营业厅	A	B_1	A	A	B_1	B_1		B_2
	每层建筑面积 1000～3000m² 或总建筑面积 3000～9000m² 的营业厅	A	B_1	B_1	B_1	B_2	B_1		
	每层建筑面积＜1000m² 或总建筑面积＜3000m² 的营业厅	B_1	B_1	B_1	B_2	B_2	B_2		
饭店、旅馆的客房及公共活动用房等	设有中央空调系统的饭店、旅馆	A	B_1	B_1	B_1	B_2	B_2		B_2
	其他饭店、旅馆	B_1	B_1	B_2	B_2	B_2	B_2		
歌舞厅、餐馆等娱乐、餐饮建筑	营业面积＞100m²	A	B_1	B_1	B_1	B_2	B_1		B_2
	营业面积≤100m²	B_1	B_1	B_1	B_2	B_2	B_2		B_2
幼儿园、托儿所、医院病房楼、疗养院、养老院		A	B_1	B_1	B_1	B_2	B_1		B_2
纪念馆、展览馆、博物馆、图书馆、档案馆、资料馆等	国家级、省级	A	B_1	B_1	B_1	B_2	B_1		B_2
	省级以下	B_1	B_1	B_2	B_2	B_2	B_2		B_2
办公楼、综合楼	设有中央空调系统的办公楼、综合楼	A	B_1	B_1	B_1	B_2	B_2		B_2
	其他办公楼、综合楼	B_1	B_1	B_2	B_2	B_2			
住宅楼	高级住宅	B_1	B_1	B_1	B_1	B_2	B_2		B_2
	普通住宅	B_1	B_2	B_2	B_2	B_2			

六、满足经济要求

建筑装饰标准差距较大，不同性质、不同用途、不同地区的建筑有着不同的装饰标准。我国一般民用建筑的装饰工程费用约占工程总造价的 30%～40%，标准较高的工程可达 60%～65%，经济发达地区的建筑和特殊建筑，甚至更高。因此要根据建筑的性质和用途，确定装饰等级、装饰标准，选择合理的构造方案及装饰材料。应该注意的是：装饰并不是意味着多花钱和用贵重材料，节约也不是单纯地降低标准。装饰构造设计应根据建筑物的性质和用途，合理确定其装饰等级（表 1-4），综合考虑耐久年限、一次性资金投入与长期维修中的费用等因素，力争取得较好的经济效益。

建筑装饰等级的划分 **表 1-4**

建筑装饰等级	建筑物的性质及用途
一	高级宾馆，别墅，纪念性建筑，大型博览、观演、交通、体育建筑，一级行政机关办公楼，市级商场
二	科研建筑，高教建筑，普通博览、观演、交通、体育建筑，广播通讯建筑，商业建筑，旅馆建筑，局级以上行政办公楼
三	中学、小学、托儿所建筑，生活服务性建筑，普通行政办公楼，普通居住建筑

第二节　建筑装饰构造方法与装饰效果

装饰效果的好坏与建筑装饰构造做法有直接的关系。具体表现在：色彩的选择与调配、材料质地与感觉、细部的处理。

一、色彩的选择与调配

色彩是不同物体对光的不同反射效果，同一物体在不同的环境下，色彩效果亦不同。

1．色彩的选择

建筑装饰往往利用色彩的温度感、距离感、轻重感、体量感、互补性和识别性，来调整和弥补设计中存在的缺陷，包括性格、比例、体形和尺度，营造符合功能需要的环境。

（1）利用色彩的温度感创造环境气氛。

一般地说，色彩能给人美感，同样能影响人的情绪。如：红色代表着太阳、火光，易使人感到兴奋、热烈；黑色代表着黑夜、黑纱，易使人感到悲哀、不祥。总之，利用暖色和冷色会营造兴奋、热烈或优雅、宁静的氛围。

（2）利用色彩的轻重感，调节建筑空间，达到构图平衡、稳定的效果。

暗色感觉重，明色感觉轻。为了保持构图稳定，低处宜用较暗的色彩。对一般室内空间来说，由上向下，常利用的色彩构图是顶棚最浅，墙面稍深，踢脚板和地面最深。

（3）利用色彩的距离感，调整室内空间的大小和形态。

暖色为前进色，看上去能使物体与人的距离缩短；低明度的冷色为后退色，看上去使物体与人的距离增加。同样的距离，暖色顶棚比冷色顶棚会使人感到靠近，红、橙、鲜黄色几乎像是跃到眼前一般。所以对低矮狭窄房间，宜用后退色。

（4）利用色彩的体量感，改善室内空间尺度、体积的效果。

色彩明度低，收缩感强，明度高，膨胀感强。所以同样的柱子，暗色显得细，明色显得粗。

（5）色彩的互补性。

建筑装饰常常利用色彩的互补性，如：医院手术室的墙面，装饰成绿色（红色的补色），可以减轻医生手术时所产生的疲劳度，改善室内环境。为突出重点，利用冷色、浅淡暗色或中性色作背景，而重点部位前用暖色、深色，通过对比，可获得丰富的装饰效果。

（6）色彩的识别性。

色彩的识别性是指色彩的标志和导向作用。例如：红色代表危险、消防；黄色表示提醒、注意；绿色表示安全；鲜艳色彩的地毯，指示出交通空间。

2．色彩的调配

在进行色彩调配的过程中，应考虑以下几个问题：

（1）采光方式（天然采光、人工照明）的不同，会改变室内空间的颜色。

（2）颜料的品种、数量、掺合剂、溶剂等使色彩发生变化，而装饰用色的数量、环境、条件等也将对最后呈现的色彩效果产生影响，往往需通过做样板推敲、调整。一般水溶液色浆类的涂料在施工结束时，呈现的色彩较深，干透后变浅；油性涂料（铅油除外），则由浅变深。

二、材料质地与感觉

光滑的表面对声、光、热的反射强，吸收率小，如玻璃、镜面、磨光大理石、花岗石等作为墙面、地面或顶棚材料，可以获得延伸和扩大空间的效果，消除小空间的局促闭塞感，并对声、光、热有较强的反射；粗糙的表面对声、光、热有扩散作用，反射均匀，如影剧院、音乐厅、播音室、练功房、儿童游戏室等墙面多采用麻布、纤维材料、皮革等具有吸声性能，又有柔软接触感的材料；质地坚实的金属材料经过抛光，表面光亮，反射率大，常用于醒目位置作为重点装饰，如光亮的门把手能使人迅速看到，铜制的楼梯防滑条、不锈钢或蜡制罩面的扶手，不仅引人注意，又易于清洁，坚固耐磨。

三、细部的处理

细部处理主要是指材料的纹理应用和分块设缝两个方面的问题。

1. 纹理应用

人们往往选择天然和有纹理的人造材料来作装饰，以提高装饰效果。纹理有直线、曲线、几何图案等。不同线型与图案，以及线条的粗、细、疏、密，给人感觉都不一样。例如：可以利用墙面的垂直纹理来增加房间的高度感，或利用横纹增加房间的宽度感；可以用粗犷纹理或大图案以缩小房间的空间感，也可以用细纹理或小图案以扩大室内的空间感。

2. 分块设缝

材料的干缩或冷缩易出现开裂，并且不易平整。为了方便施工，常进行分块设缝，使大面装饰面层分成若干小块。若划分的线和缝处理得当，将使建筑取得良好的尺度感，显得更加匀称。

第三节　建筑装饰构造基本类型

装饰构造一般可分成两大类：一类是通过覆盖物，在建筑构件的表面起保护和美化的作用，称为饰面构造或覆盖式构造；另一类是通过组装，构成各种制品或设备，兼有使用功能和装饰品的作用，称为配件构造或装配式构造。

一、饰面构造

饰面构造的基本问题是处理饰面和结构构件表面的连接构造方法。如在砖墙外做一层木护壁板，在钢筋混凝土楼板上加一层地板砖，或在楼板下做一层吊顶，均属于饰面构造。砖墙与护壁板，钢筋混凝土楼板与地板砖、吊顶，均要处理两个面连接的构造。

1. 饰面部位、要求、作用及特性

饰面附着于构件的表面，随着构件位置的不同，其饰面部位、要求、作用及特性也不一样，详见表1-5。由于所处的部位不同，同样的材料，构造方法也将改变，如大理石地面可采用铺贴构造，而大理石墙面则采用钩挂式构造方法。

各种饰面的部位及其特性　　表 1-5

名称	部　　位	主要构造要求	作 用 和 特 性
顶棚	吊顶　下位	防止剥落	对一般室内照度起反射作用；大厅的顶棚对声音起反射和吸收作用；屋面下的顶棚有保温隔热作用；此外还有隐藏设备管线作用
外墙面（柱面）	外墙面　内墙面　侧位	防止剥落	对外墙面起保护作用，要求具有耐风雨和耐大气侵蚀的作用，要求具有不易被污染、易于清洁的特性
内墙面（柱面）			要求不挂灰、易清洁，有良好的接触感和舒适感；对光有良好的反射；在湿度大的房间应具有防潮吸湿的性能
楼地面	楼面　地面　上位	耐磨等	要求具有一定蓄热性能和行走的舒适感；有良好的隔声性能；具有耐磨不起灰、易清洁、耐冲击等特性。特殊用途地面还要求耐水、碱、油脂等特性

2．饰面构造的基本要求

(1) 由于面层与基层材料膨胀系数不一样，会造成粘结不好或老化，面层将出现剥落，进而影响美观，危及人身安全。因此要求饰面附着牢靠，严防开裂剥落。

(2) 饰面的厚度与材料的耐久性、坚固性成正比。但厚度太大，会使构造方法复杂，因此要求进行分层施工或采取其他加固措施。

(3) 均匀与平整，是保证质量的条件之一，往往要求分层反复操作，才能获得理想的装饰效果。

3．饰面构造的分类

饰面构造根据材料的加工性能和饰面部位特点可分成三类：罩面类、贴面类和钩挂类。

(1) 罩面类

包括涂料和抹灰做法，适用于墙面和地面。

涂料做法：将液态粉状涂料喷涂固着成膜于构件表面。常用涂料有油漆及水性涂料。其他金属的饰面层还有电镀、电化、搪瓷等。

抹灰做法：将砂浆抹固于构件表面。抹灰砂浆是由胶凝材料、细骨料和水（或其他溶液）拌合而成。常用的有石膏、白灰、水泥、镁质胶凝材料；有砂、细炉渣、石屑、陶瓷碎料、木屑、蛭石等骨料。

(2) 贴面类

包括铺贴、胶贴和钉嵌做法，适用于墙面和地面。

铺贴做法：将各种面砖、缸砖、瓷砖等陶瓷制品，厚度约12mm，面积小于600mm×600mm，在背面开槽用水泥砂浆粘结在墙上。将不小于20mm×20mm的小瓷砖至600mm

×600mm 见方的大型石板，用水泥砂浆铺贴于楼地面。

胶贴做法：将饰面材料用胶直接贴在找平层上。饰面材料呈薄片或卷材状，厚度在5mm 以下，如粘于墙面的塑料墙纸、玻璃布、绸缎等，粘于地面的油地毡、橡胶板或各种塑料板。

钉嵌做法：将饰面材料用钉或借助压条、嵌条、钉头等固定或用涂料粘结于构件表面。饰面材料应自重轻、厚度小、面积大，如木制品、石棉板、金属板、石膏、矿棉、玻璃等。

(3) 钩挂类　包括绑扎和钩挂两种连接方法，适用于墙面。

绑扎连接法：饰面厚度为 20～30mm，面积约 $1m^2$ 的石料或人造石等，可在板材上方两侧钻小孔，用铜丝将板材与结构层上的预埋件联系，板与结构间灌砂浆固定。

钩挂连接法：饰面材料厚 40～45mm 以上，常在结构层外包砌。饰面块材上口可留槽口，用与结构固定的铁钩在槽内搭住，板与结构间灌砂浆固定。

二、配件构造

根据材料的加工性能、配件的成型方法有三类：

1. 塑造与浇铸类

塑造与浇铸的基本程序是先制模胎（金属件需加做砂型），再复制花饰或构件，如用水泥、石灰、石膏等制成各种花格和花饰，生铁、钢、铜、铝等浇铸成各种金属花饰和零件。

2. 加工与拼装类

木材与木制品具有可锯、刨、削、凿等加工性能，还可以通过粘、钉、开榫等方法，拼装成各种配件。一些人造材料，如石膏板、珍珠岩板等具有与木材相似的加工性能和拼装性能。金属薄板具有剪、切、割的加工性能，并具有焊、钉、卷、铆的拼装性能。此外，铝合金、塑钢门窗，也属于加工拼装的构件。加工与拼装类的构造在装饰工程中应用广泛。

3. 搁置与砌筑类

通过一些粘结材料将水泥、陶瓷、玻璃等制品，相互搁置垒砌，组成各种图案的完整砌体。胶结玻璃空心砖隔断也属一种富有特殊装饰效果的配件构造。

思考题与习题

1-1　建筑装饰构造设计应遵循哪些原则？

1-2　装饰材料的燃烧性能等级如何划分？

1-3　影响装饰效果的因素是什么？

1-4　建筑装饰构造如何分类？

第二章 楼地面装饰构造

楼地面是楼层和底层地面的总称，是建筑物中使用最频繁的部位，它在人的视线范围内所占的比例很大。楼地面装饰通常是指在地面垫层和楼板表面上所做的饰面层。

第一节 概 述

一、楼地面的构造层次及作用

底层地面的基本构造层次为面层、垫层和基层（地基）；楼层地面的基本构造层次为面层、基层（楼板）。面层的主要作用是满足使用要求，基层的主要作用是承担面层传来的荷载。为满足找平、结合、防水、防潮、隔声、弹性、保温隔热、管线敷设等功能的要求，往往还要在基层与面层之间增加若干中间层。楼地面的主要构造层次示意如图 2-1 所示。

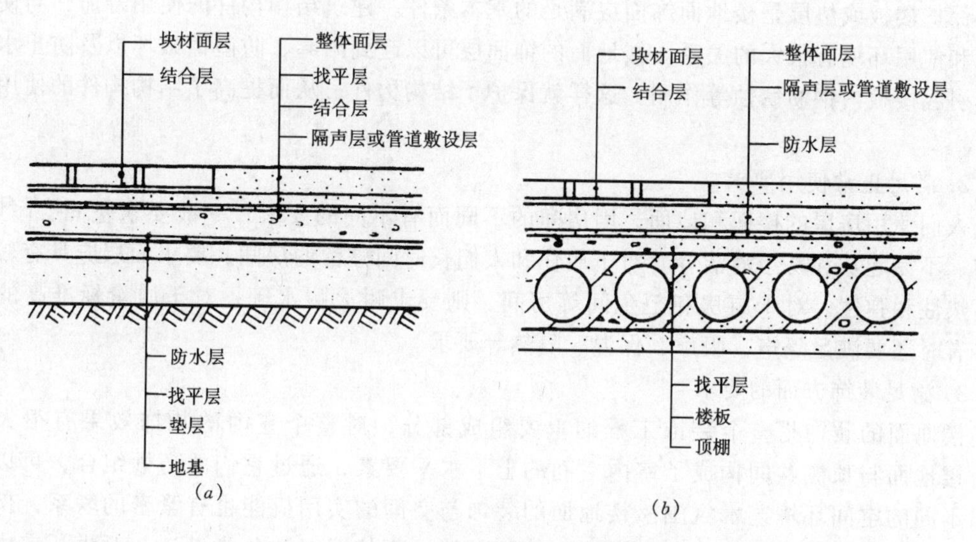

图 2-1 楼地面构造层次示意

(*a*) 地面各构造层；(*b*) 楼面各构造层

1. 面层

面层是人们生活、工作、生产直接接触的构造层，也是地面承受各种物理、化学作用的表面层。因此，根据使用要求不同，面层的材料和构造也各不相同，但一般都应具有耐磨、平整、坚固、舒适、安全的性能以及较好的美化作用。

2. 中间层

中间层包括结合层、找平层、防水层、防潮层、保温（隔热）层、隔声层、垫层等。各类中间层起的作用不同，因此中间层应根据实际需求设置。常用的中间层有：

(1) 结合层：是促使上、下两层之间结合牢固的媒介层，如水泥砂浆、素水泥浆、沥青、冷底子油等。

(2) 找平层：是在粗糙的表面上起找平作用的构造层，用于上层对下层有平整要求的楼地面，找平层常用1:3水泥砂浆15～20mm厚抹成。

(3) 防水层：是防止地面面层上的液体透过地面基层或防止地下水通过地面渗入室内的构造层，通常用卷材防水，也可用防水砂浆和防水涂料防水。

(4) 垫层：是承受面层传来的荷载并传给基层的构造层，分为刚性和非刚性两类。刚性垫层整体性好，受力后不易产生塑性变形，一般采用C7.5～C10素混凝土，碎砖三合土等，适用于整体式面层或块料面层楼地面。非刚性垫层由松散材料构成，受力后产生塑性变形，如砂子、碎石、炉渣等，适用于块材面层对平整度要求不高的楼地面。

3. 基层

基层是承受由地面或垫层传来的荷载的构造层。应具有足够的强度和刚度，以保证安全和正常使用。

二、楼地面饰面的功能

楼地面饰面一般有以下三个功能：

1. 保护楼板或垫层

保护楼板或垫层是楼地面饰面应满足的基本条件。建筑结构构件的使用寿命，与使用条件和使用环境有很大的关系。楼地面的饰面层可以起到耐磨、防碰撞破坏以及防止水渗漏而引起楼板内钢筋锈蚀等作用。这样就保护了结构构件，从而提高了结构构件的使用寿命。

2. 满足正常使用要求

人们使用房屋的楼面和地面，因房间的不同而有不同的要求，一般要求坚固、耐磨、平整、不易起灰和易于清洁等。对于居住和人们长时间停留的房间，要求面层应具有较好的蓄热性和弹性；对于厨房和卫生间等房间，则要求耐火耐水等；对于质量标准高的房间，有时还要满足隔声、吸声、保温、隔热等要求。

3. 满足装饰方面的要求

楼地面的装饰是整个装饰工程的重要组成部分，对整个室内的装饰效果有很大影响。楼地面与顶棚共同构成了室内空间的上下水平要素，通过它们的巧妙组合，可以营造出不同的空间环境艺术氛围。楼地面的装饰与空间的实用机能也有紧密的联系，例如室内行走路线的标志，具有视觉诱导的功能。楼地面的图案与色彩设计，对烘托室内环境气氛与风格具有一定的作用。此外，楼地面饰面材料的质感，可增强环境的统一或产生对比。例如当室内的主基调是精细的质感，而重点部位选用粗糙材料，则可产生鲜明的效果。

三、楼地面饰面分类

楼地面的种类很多，一般按饰面材料和施工方法进行分类。

(1) 根据饰面材料不同可分为水泥砂浆楼地面、水磨石楼地面、大理石楼地面、地砖楼地面、木楼地面、地毯楼地面等。

(2) 根据施工方法不同可分为整体式楼地面、块材式楼地面、木楼地面及人造软制品铺贴式楼地面等。

楼地面的名称是根据面层材料命名的。

第二节　整体式楼地面构造

整体式楼地面的面层无接缝，它可以通过加工处理，获得丰富的装饰效果，一般造价较低。它包括水泥砂浆楼地面、细石混凝土楼地面、现浇水磨石楼地面、涂布楼地面等，其中现浇水磨石楼地面按材料配制和表面打磨精度不同分为现浇普通水磨石楼地面和现浇美术水磨石楼地面。本书重点介绍现浇美术水磨石楼地面基本构造。

一、现浇美术水磨石楼地面的特点

美术水磨石是采用白水泥加颜料，或彩色水泥与大理石屑制成的。由于所用石屑的色彩、粒径、形状、级配不同，可构成不同色彩、纹理的图案，既可以用白水泥、彩色石粒，也可以用彩色水泥和彩色石粒。现浇美术水磨石具有色彩丰富、图案组合多种多样的饰面效果，面层平整平滑，坚固耐磨，整体性好，防水，耐腐蚀，易于清洁。常用于公共建筑中人流较多的门厅等楼地面。

二、现浇美术水磨石楼地面材料选用

1. 水泥

宜采用强度等级不低于 32.5 级的硅酸盐水泥、普通硅酸盐水泥和矿渣硅酸盐水泥，浅色石子，则应用白水泥。水泥应符合有关质量要求。

2. 石粒

石粒的色彩、粒径、形状、级配直接影响美术水磨石楼地面的装饰效果，因此石粒的选用须结合楼地面的装饰艺术效果、施工机具设备、使用部位综合来考虑。石粒常用材质有白云石、大理石、花岗岩等。石粒应洁净，无泥沙、杂物。石渣的粒径一般比面层小 1～2mm为宜。常用的石粒粒径为 8mm。

3. 颜料

水泥中掺入的颜料应采用耐光、耐碱的矿物颜料，其掺入量宜为水泥重量的 3%～6%，或由试验确定。同一色彩面层应使用同厂、同批的颜料。常用的颜料有氧化铁红（俗称铁红）、氧化铁黄（俗称铁黄）、镉黄、铬绿、氧化铁黑、碳黑等。

4. 分格条

分格条要求平直、厚度均匀。美术水磨石常用的分格条为铜条，其厚度通常是 3mm，宽度根据面层的厚度而定，长度不限。

三、现浇美术水磨石楼地面基本构造

美术水磨石楼地面基本构造做法是：找平→设置分格条→面层→磨光→补浆→打蜡。

1. 找平

在基层上，一般用 20mm 厚 1:3 水泥砂浆找平。当有预埋管或要求设防水层时，应采用不小于 30mm 厚的 1:2.5 水泥砂浆找平。

2. 设置分格条

在铺设美术水磨石面层前，应在找平层上按设计要求的分格或图案来设置分格条。分格条的固定如图 2-2 所示。分格条应满足平直、牢固、接头严密的要求。

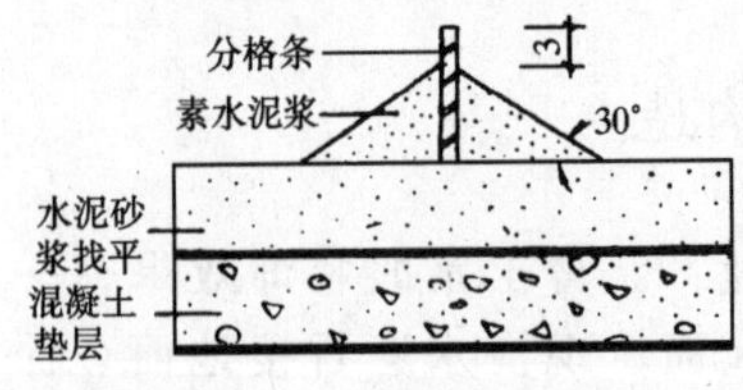

图 2-2 分格条固定示意

3. 面层

面层应采用体积比为1:1.5～1:2.5（水泥石粒）的拌合料，面层随石粒粒径大小而变化，保证水泥浆充分包裹石粒。石粒的最大粒径应比面层厚度小 1～2mm。拌合料应拌合均匀、平整地铺设在找平层上，铺设前应在找平层表面涂刷与面层颜色相同的水泥浆结合层，其水灰比宜为 0.4～0.5，也可以在水泥浆内掺加胶粘剂，随刷随铺。拌合料面应高出分格条 2mm 并拍平，滚压密实。

4. 磨光、补浆、打蜡、养护

待面层硬结后采用磨石机分遍磨光，最后补浆、补脱落石粒，养护。

现浇美术水磨石楼地面基本构造如图 2-3 所示。

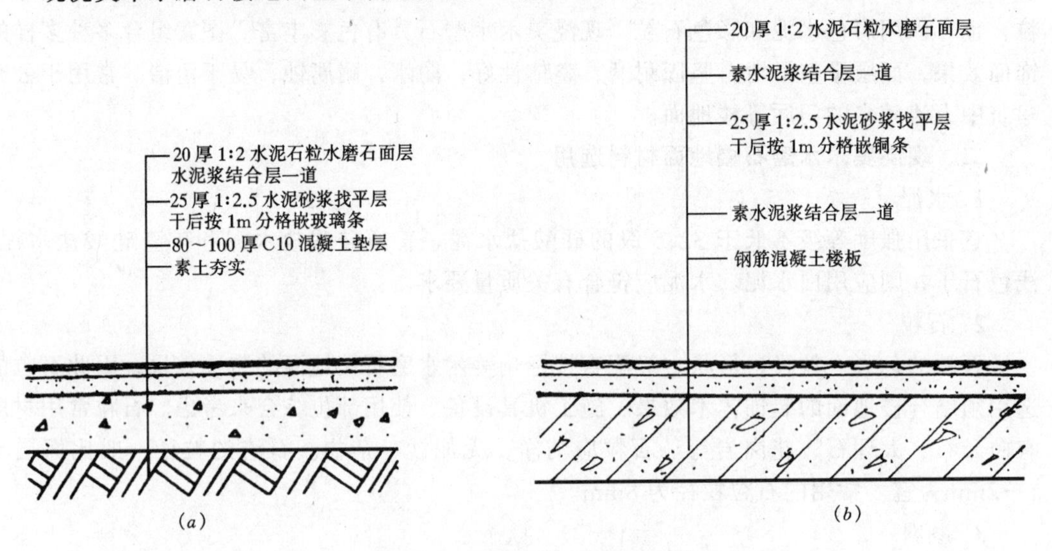

图 2-3 现浇美术水磨石楼地面基本构造示意

(*a*) 地面构造；(*b*) 楼面构造

第三节 块材式楼地面基本构造

块材式楼地面，是指用陶瓷锦砖、地板砖、水泥砖、预制水磨石板、大理石板、花岗石板等板材铺砌的地面。

一、饰面特点

块材式楼地面目前应用十分广泛，一般具有以下的特点：

(1) 花色品种多样，可按设计要求拼做成各种图案如图 2-4，图 2-5 所示。

(2) 耐磨、耐水、易于清洁。

(3) 施工速度快，湿作业量少。

(4) 对板材的尺寸与色泽要求高。

(5) 弹性、保温性、消声性都较差。

(6) 造价偏高。

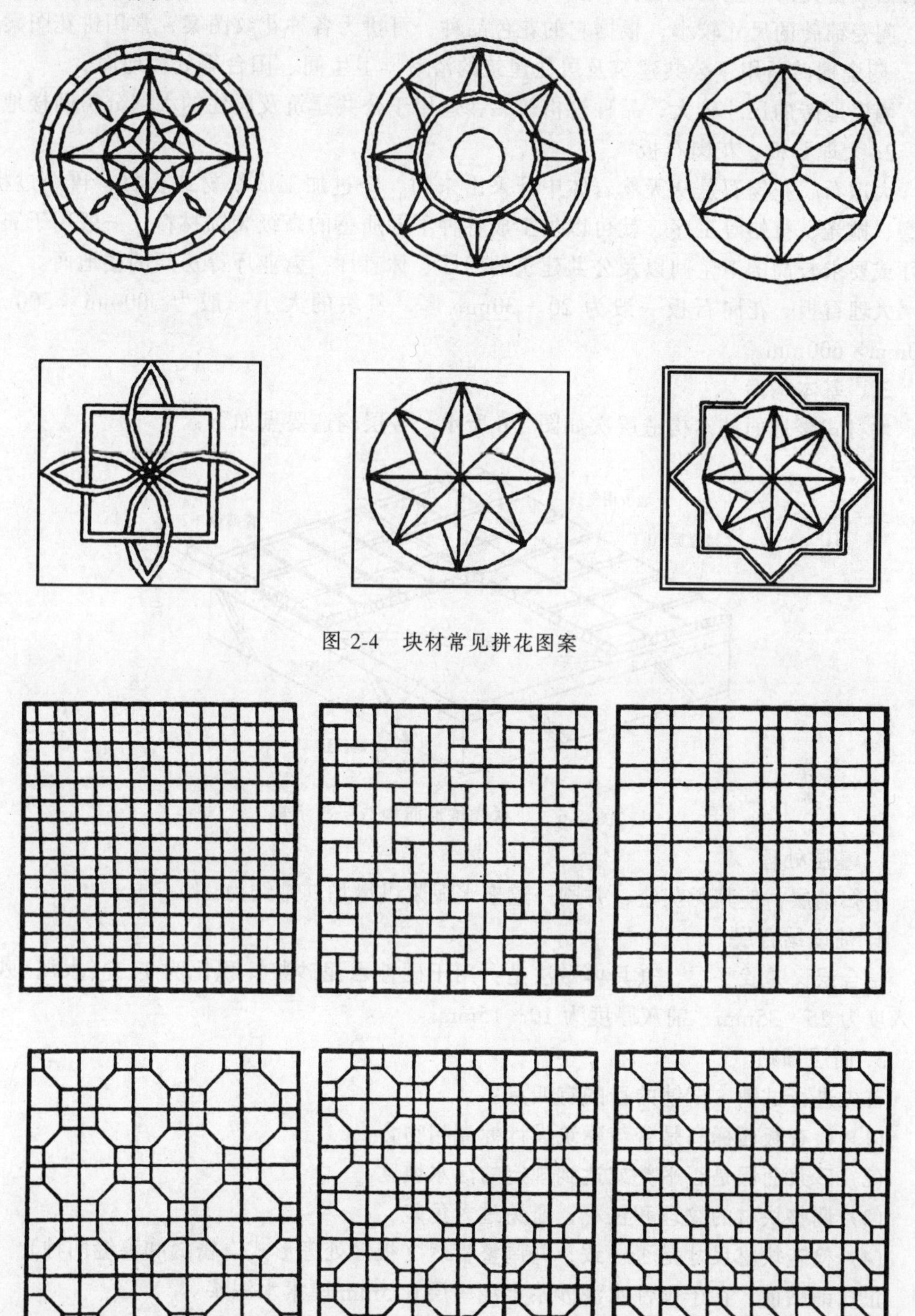

图 2-4　块材常见拼花图案

图 2-5　常用拼花图案

二、饰面材料选用

1. 陶瓷锦砖、陶瓷地砖

陶瓷锦砖（又称马赛克）、陶瓷地砖均为高温烧结而成的小型块材。它们共同的特点是表面致密光滑、坚硬耐磨、耐酸耐碱、防水性能好、一般不易变色。

陶瓷锦砖的尺寸较小，根据它的花色品种，可拼为各种花纹图案，常用拼花图案见图2-5。陶瓷锦砖适用于公共建筑及居住建筑的浴室、卫生间、阳台等处楼地面。

陶瓷地砖的尺寸较大，品种规格较多，适用于公共建筑及居住的大部分房间楼地面。

2. 大理石板、花岗石板

大理石、花岗石是从天然岩体中开采出来的、经过加工成块材或板材，再经过粗磨、细磨、抛光、打蜡等工序，就可以加工成各种不同质感的高级装饰材料，一般用于宾馆的大厅或要求较高的卫生间以及公共建筑的门厅、休息厅、营业厅等房间的楼地面。

大理石板、花岗石板一般为20～30mm厚，每块的大小一般为300mm×300mm～600mm×600mm。

三、基本构造

块材式楼地面基本构造层次如图2-6所示。各层构造要点如下：

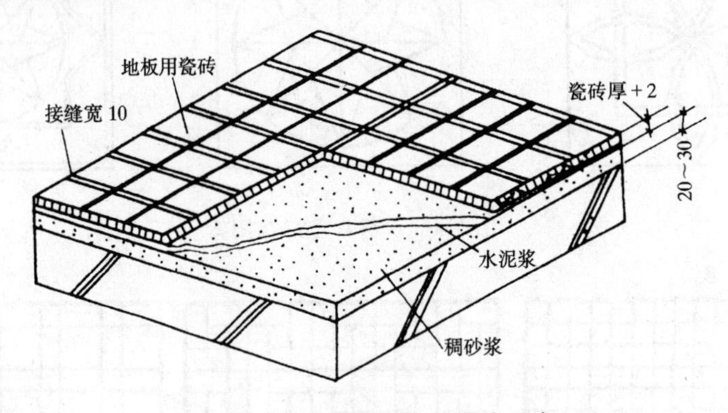

图2-6 块材式楼地面构造层次示意

1. 基层处理

清扫基层，使其无灰渣，并刷一道素水泥浆以增加其粘结力。

2. 铺设结合层

结合层又是找平层，其具体做法是：用干硬性水泥砂浆体积比为1:2（水泥:砂子），针入度为25～35mm，铺灰厚度为10～15mm。

3. 面层铺贴

首先进行试铺。试铺的目的有四点：

(1) 检查板面标高是否与建筑设计标高相吻合；

(2) 砂浆面层是否平整或达到规定的泛水坡度；

(3) 调整块材的纹理和色彩，避免过大色差；

(4) 检查块材尺寸是否一致，并调整板缝（板缝处理形式有密缝和离缝两种）。

正式铺贴前，在干硬性水泥砂浆上浇一层0.5mm厚素水泥浆。

4. 细部处理

板缝修饰，贴踢脚板，磨光打蜡养护。

四、构造范例

1. 陶瓷锦砖、陶瓷地砖楼地面

基本构造作法是：做结合层→铺贴陶瓷锦砖、陶瓷地砖面层。

（1）做结合层

结合层又是找平层。做法是：先在整体性和刚性较好的混凝土垫层或钢筋混凝土楼板的基层上刷一道素水泥浆，然后抹20mm厚1:3水泥砂浆找平层，最后在找平层上再刷一道素水泥浆结合层，以增加其表面粘结力。素水泥浆的厚度一般为2～2.5mm，水灰比为0.4～0.5，并应随刷随铺。

（2）铺贴陶瓷锦砖、陶瓷地砖面层

陶瓷锦砖、陶瓷地砖在铺贴前应浸水湿润，且面层应和结合层同时铺贴，也就是应随刷随铺贴。陶瓷地砖，块材较大的背后另刮素水泥浆，然后粘贴拍实。最后用水泥砂浆擦缝。陶瓷锦砖整张铺贴后，用滚筒压平或用抹子拍实，使水泥挤入缝隙。待水泥砂浆硬化后，用草酸或水洗去牛皮纸，然后用白水泥擦缝。

陶瓷锦砖楼地面构造做法见图2-7，陶瓷地砖楼地面构造做法见图2-8。

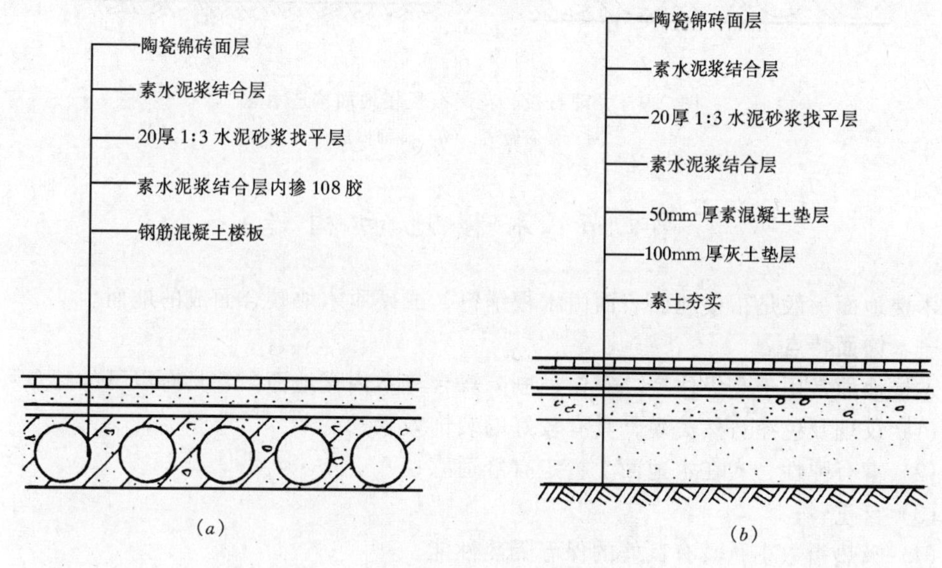

图2-7 陶瓷锦砖楼地面构造做法

（a）楼面做法；（b）地面做法

2．大理石板、花岗石板楼地面

基本构造做法是：做结合层→铺贴大理石板、花岗石板面层。

（1）做结合层

结合层又是找平层。在平整的刚性基层上先刷一道素水泥浆，然后抹30mm厚1:3～1:4干硬性水泥砂浆找平层；也可采用水泥砂浆找平层，其体积比为1:4～1:6（水泥:砂），应洒水干拌均匀。厚度为20～30mm。最后在找平层上刷一道素水泥浆结合层或撒素水泥结合层。应随刷随铺。

（2）铺贴大理石板、花岗石板面层

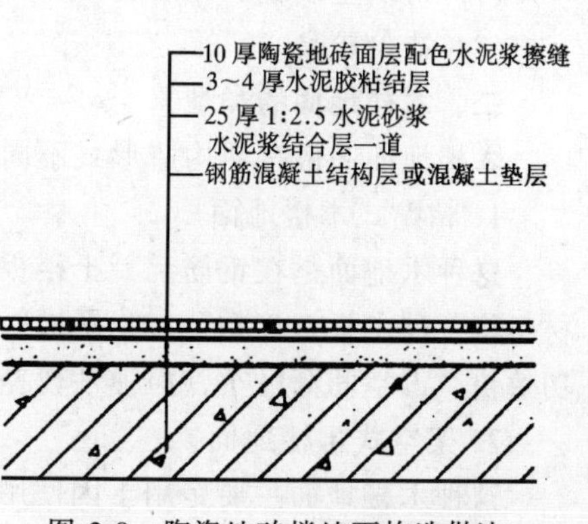

图2-8 陶瓷地砖楼地面构造做法

大理石板、花岗石板应先用水浸湿，待擦干或表面晾干后铺贴在结合层上，最后用素水泥浆擦缝。

大理石板、花岗石板楼地面构造见图 2-9。

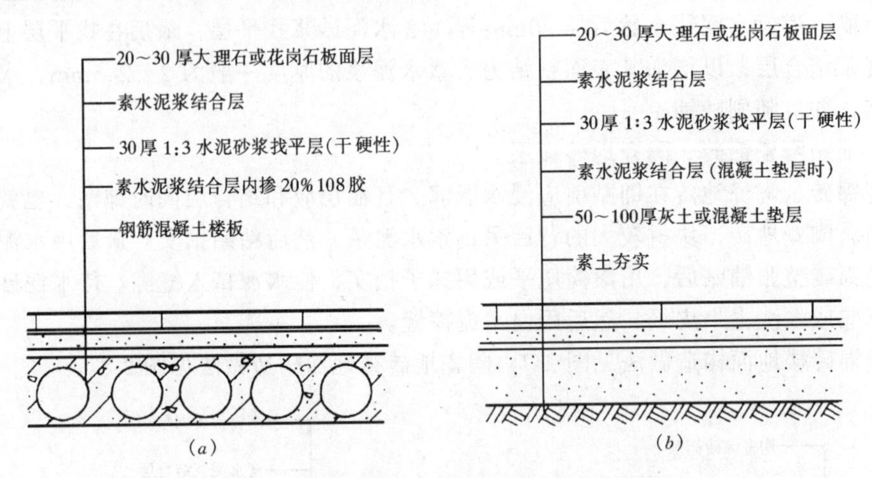

图 2-9　大理石板、花岗石板楼地面构造示意

（*a*）楼面做法；（*b*）地面做法

第四节　木楼地面构造

木楼地面一般是指楼地面表面由木板铺钉，或硬质木块胶合而成的地面。

一、饰面特点

木楼地面常用于高级住宅、宾馆、剧院舞台等室内楼地面。它具有以下的特点：

(1) 纹理及色泽自然美观，具有较好的装饰效果；

(2) 富有弹性，人在木地面上行走有舒适感；

(3) 自重轻；

(4) 吸热指数小，具有良好的保温隔热性能；

(5) 不起尘，易清洁；

(6) 耐火性、耐久性较差，潮湿环境下易腐朽；

(7) 易产生裂缝和翘曲变形；

(8) 造价较高。

二、木楼地面的类型

木楼地面一般按照构造形式不同，可分为以下三种：

1. 粘贴式木楼地面

这种木地面是在钢筋混凝土楼板上或底层地面的素混凝土垫层上做找平层，再用粘结材料将各种木板直接粘贴在找平层上而成，如图 2-10 所示。这种做法构造简单、造价低、功效快、占空间高度小，但弹性较差。

2. 架空式木楼地面

这种木楼地面主要是用于因使用要求弹性好，或面层与基底距离较大的场合。通过地垄墙、砖墩或钢木支架的支撑来架空，如图 2-11 所示。其优点是使木地板富有弹性、脚

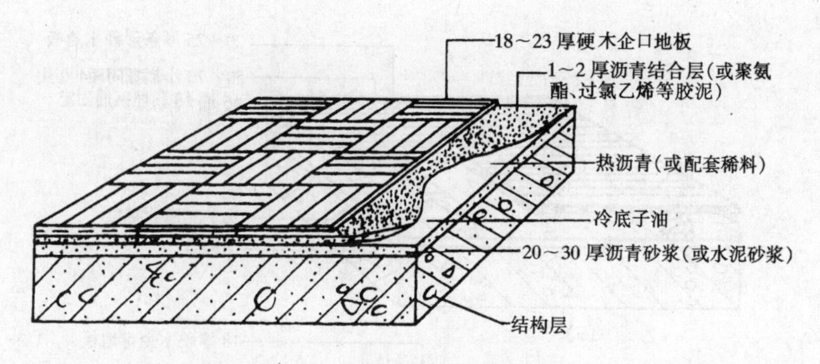

图 2-10　粘贴式木楼地面构造

感舒适、隔声、防潮，缺点是施工较复杂、造价高。

3. 实铺式木楼地面

这种木地面是直接在基层的找平层上固定木搁栅，然后将木地面铺钉在木搁栅上，如图 2-12 所示。这种做法具有架空木地板的大部分优点，而且施工较简单，所以实际工程中应用较多。

4. 组装式木楼地面

组装式木楼地面是指：木地板是浮铺式安装在基层上，即木地板和基层之间无需连接，板块之间只需用防水胶粘结，施工方便，如图 2-13 所示。目前常见的组装式木楼地面是强化木地板楼地面。强化木地板的基材一般是高密度板，该板既有原木地板的天然木感，又有地砖大理石的坚硬，安装无需木搁栅，不用上漆打蜡保养，多用于办公用房和住宅的楼地面。

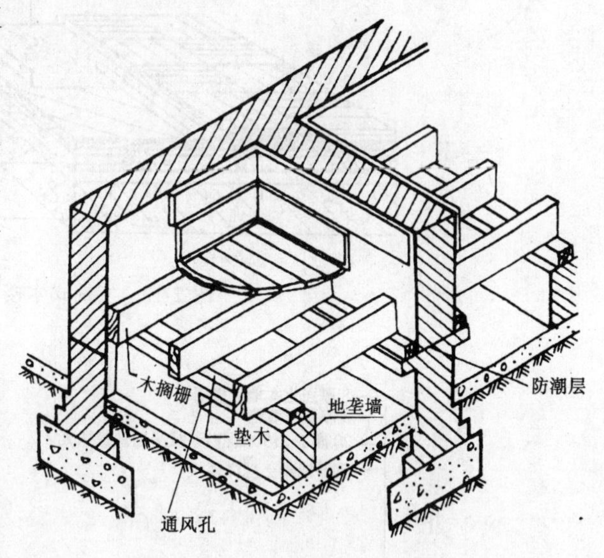

图 2-11　架空式木地面构造

三、材料选用及要求

木楼地面所用的材料可分为：面层材料、基层材料和粘结材料三类。

1. 面层材料

面层是木楼地面直接受磨损的部位，也是室内装饰效果的重要组成部分。因此要求面层材料耐磨性好、纹理优美清晰、有光泽、不易腐朽、开裂及变形，利用板块形状，可组拼出多种多样拼花的图案。

根据材质不同，面层可分为普通纯木地板、复合木地板、软木地板。

(1) 普通纯木地板

普通纯木地板可分为条形木地板和拼花木地板，常见的拼花图案如图 2-14 所示。常用普通条形木地板多选用优质木和杉木加工而成，不易腐朽、开裂和变形，耐磨性尚好，但装饰效果一般。普通拼花木地板多选用水曲柳、柞木、枫木、柚木、榆木、樱桃木、核桃木等硬质树种加工而成，其耐磨性好，纹理优美清晰，有光泽，经过处理后，耐腐性尚好，开裂和变形可得到一定的控制。

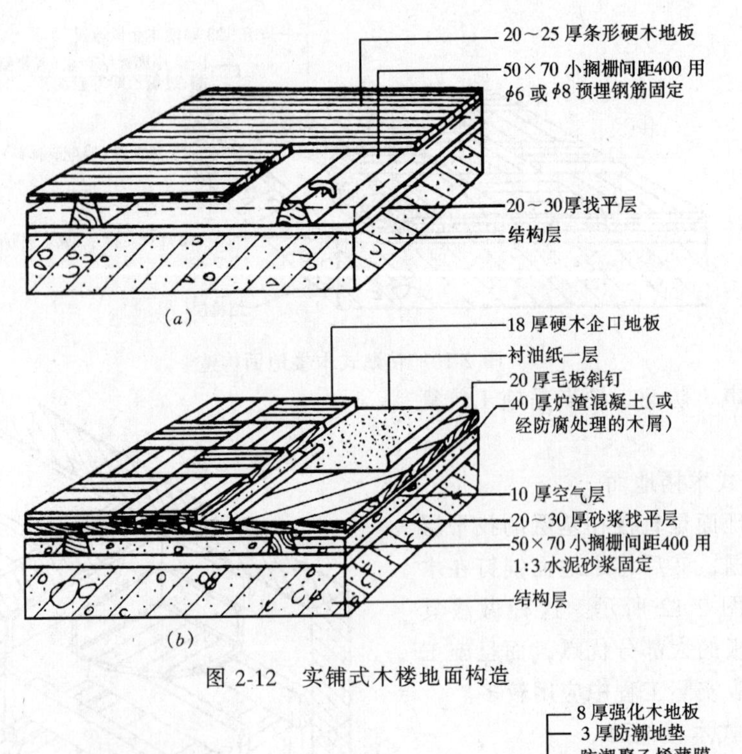

图 2-12　实铺式木楼地面构造

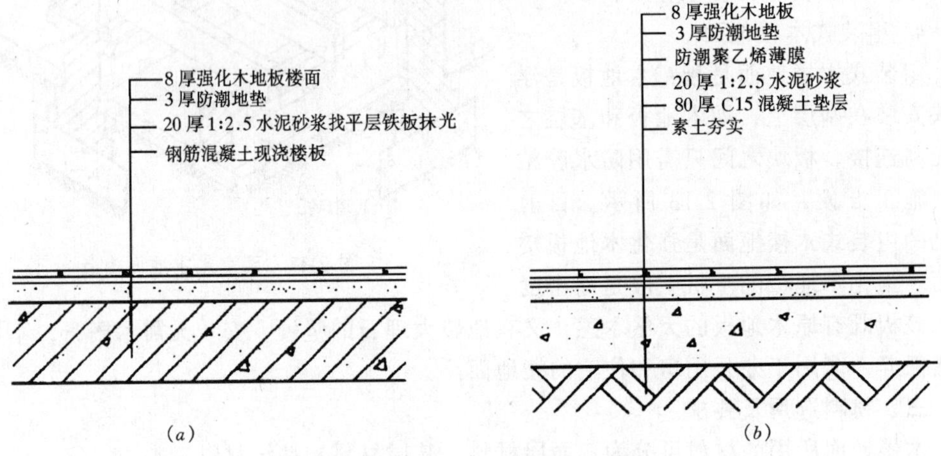

图 2-13　组装式木楼、地面做法示意图

(*a*) 楼面做法；(*b*) 地面做法

(2) 复合木地板

复合木地板是一种两面贴上单层面板的复合构造木板，如图 2-15 所示。

复合木地板克服了普通纯木地板易腐朽、开裂和变形的缺点。装饰效果多样，耐磨性较好，纹理优美清晰。这种地板有树脂加强，又是热压成型，因此质轻高强，收缩性小，克服了木材易于开裂、翘曲等缺点，且保持了木地板的其他特性。同时取材广泛，各种软硬木材的下脚料都可利用，成本低。但复合木地板的加工成型方法对质量有很大影响，选用时应注意区分。

(3) 软木地板

软木地板与普通纯木地板相比，具有更好的保温性、柔软性与吸声性，吸水率较低，防滑，但造价较高，产地较少，产量亦不高，目前国内市场上的优质软木地板主要靠进

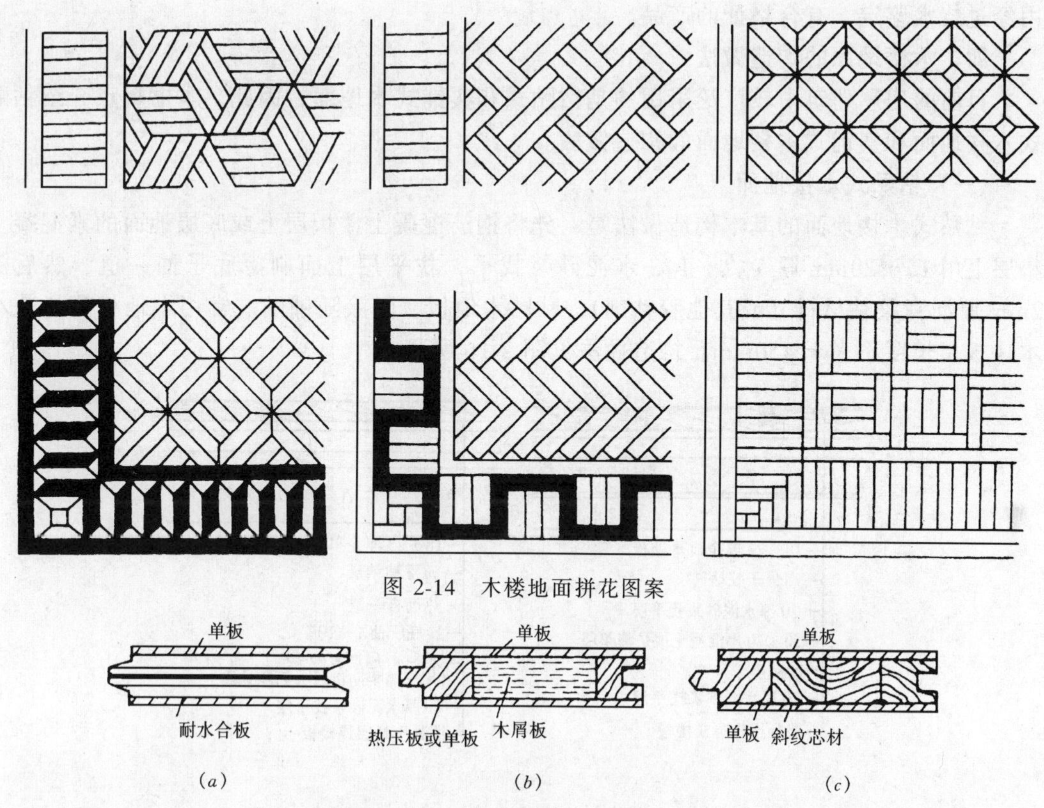

图 2-14　木楼地面拼花图案

图 2-15　复合木地板结构构造示意

（a）合板芯；（b）木屑板芯；（c）斜纹板芯

口，常用于高级体育馆的比赛场地。

2. 基层材料

基层主要作用是承托和固定面层。基层可分为水泥砂浆（或混凝土）基层和木基层。

水泥砂浆（或混凝土）基层，一般多用于粘贴式木地面。常用水泥砂浆配合比为1:2.5～1:3，混凝土强度等级一般为C10～C15。

木基层有架空式和实铺式两种，由木搁栅、剪刀撑、垫木、沿游木和毛地板等部分组成。一般选用松木和杉木作用料。

木基层材料常用规格见表2-1。

木基层材料常用规格（mm）　　　　**表 2-1**

<table>
<tr><th colspan="2">名　　称</th><th>宽　度</th><th>厚　度</th><th colspan="2">名　　称</th><th>宽　度</th><th>厚　度</th></tr>
<tr><td rowspan="2">垫木
(包括沿游木)</td><td>架空式</td><td>100</td><td>50</td><td rowspan="2">木搁栅</td><td>架空式</td><td colspan="2">根据地垄墙的间距决定</td></tr>
<tr><td>实铺式</td><td>平面尺寸 120×120</td><td>20</td><td>实铺式</td><td>40～50</td><td>40～70</td></tr>
<tr><td colspan="2">剪刀撑</td><td>50</td><td>50</td><td colspan="2">毛地板</td><td>不大于 120</td><td>22～25</td></tr>
</table>

3. 粘结材料（胶粘剂）

粘结材料的主要作用是将木地板条直接粘结在水泥砂浆或混凝土基层上，目前应用较多的粘贴剂有：氯丁橡胶型、环氧树脂型、合成橡胶溶剂、石油沥青、聚氨酯及聚醋酸乙烯乳液等。具体选用，应根据面层及基层材料、使用条件、施工条件等综合确定，且应选用经过技术鉴定、有合格证的产品。

四、木楼地面的构造做法

目前的房屋建筑中较广泛采用的是粘贴式和实铺式木地面，因此，本书重点介绍粘贴式木楼地面和实铺式木楼地面的构造做法。

（一）粘贴式木楼地面

粘贴式木楼地面的基本构造做法是：先将钢筋混凝土楼板层上或底层地面的素混凝土垫层上用15～20mm厚1∶2～1∶3水泥砂浆找平，找平层上面刷冷底子油一道，然后涂2mm厚沥青胶粘材料（或其他胶粘剂），粘贴木地板，随涂随铺贴。常用木地板为拼花小木块板，长度不大于450mm。构造做法见图2-16所示。

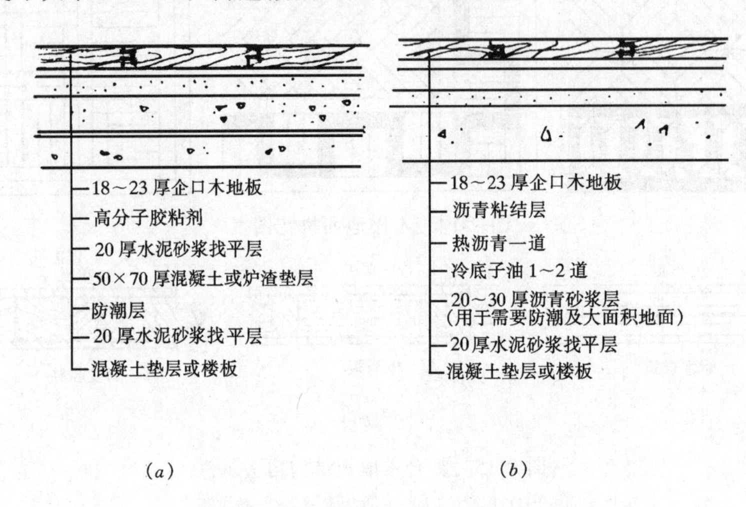

图2-16　粘贴式木楼地面构造示意

（a）高分子胶粘贴；（b）沥青粘贴

（二）实铺式木楼地面

实铺式木楼地面的基本构造做法是：固定木搁栅→木地板面层铺打→清理磨光

1. 固定木搁栅

木搁栅使用前应进行防腐（满涂沥青和防腐油）、防火（防火要求高时加防火涂料）处理。木搁栅一般为30mm×40mm或40mm×50mm的梯形截面，间距为400mm。为增加整体性，搁栅之间要加横撑，横撑中距为1200～1500mm，并与搁栅垂直相交，用铁钉连接。

木搁栅的固定方法有以下几种：

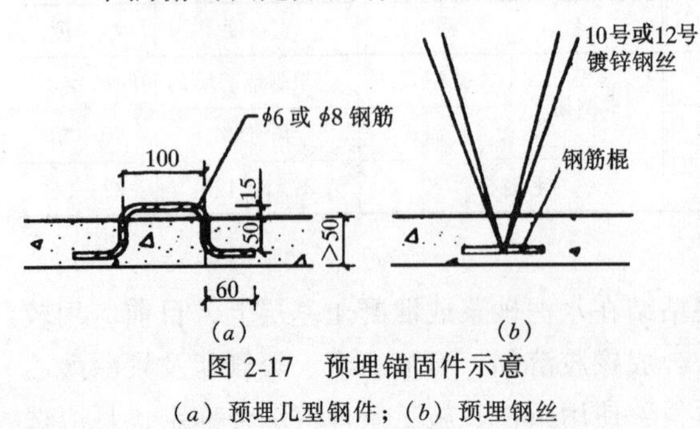

图2-17　预埋锚固件示意

（a）预埋几型钢件；（b）预埋钢丝

（1）在基层中预埋钢丝或几型钢件固定木搁栅。固定时将木搁栅上皮削成10mm×10mm凹槽，将钢丝卧在凹槽中，以保证固定后木搁栅表面平整。预埋锚固件示意见图2-17。

（2）木搁栅在基层上垫平后用射钉固定。

（3）埋木楔：在基层上用墨线弹出十字交叉点（木搁栅的位置和孔距的交叉

点)，然后用 $\phi6$ 的冲击电钻在交叉点处打孔，孔深 40mm 左右，孔距 800mm 左右，之后在孔内下木楔，用长钉将木搁栅固定在木楔上。

2．木地板面层铺钉

木地板面层可做成单层或双层。

(1) 单层木地面做法：在固定好的木搁栅上铺钉 20～30mm 厚的木地板。见图 2-18（*a*）所示。

(2) 双层木地面做法：在固定好的木搁栅上铺钉一层毛板，毛板可用柏木或松木，厚 20～25mm，毛板应与木搁栅成 30°或 45°角铺设。毛板与墙之间应留 10～20mm 缝隙。在毛板上铺油毡或油纸一层，最后上面再铺钉或粘贴 20mm 厚的木地板。如图 2-18（*b*）所示。

为了防止木材受潮而产生膨胀，应在找平层上涂刷冷底子油和热沥青各一道。同时为了保证搁栅通风干燥，通常在木地板和墙面之间留有 10～20mm 的空隙，并用木踢脚板封盖，踢脚也设有通风口。如图 2-18（*c*）所示。

面板之间的拼缝形式见图 2-19 所示。

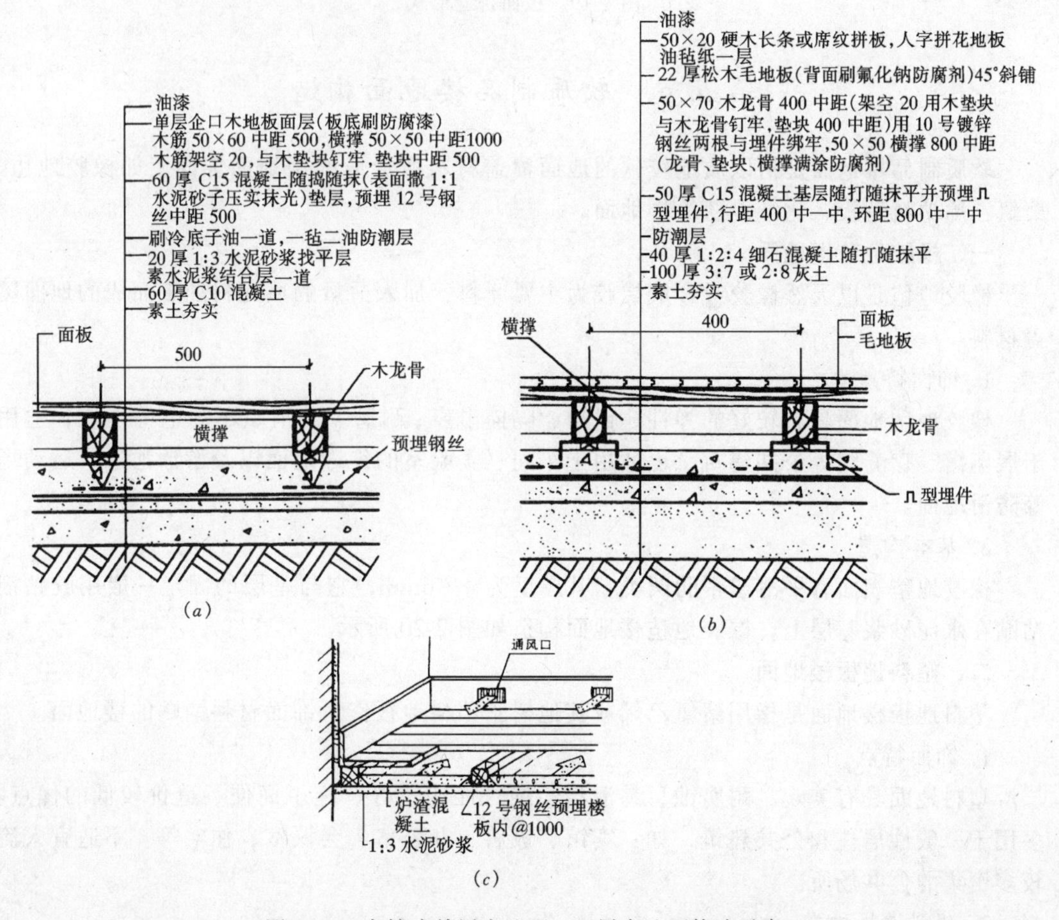

图 2-18　实铺式单层木地面、双层木地面构造示意

（*a*）单层木地面；（*b*）双层木地面；（*c*）实铺式地面通风

3. 清理磨光

木地板铺完后应清扫干净，然后粗刨精刨各一遍，刨削总量厚度不大于1mm，最后磨光、油漆、打蜡。如果是烤漆木地面，则不用刨光和油漆。

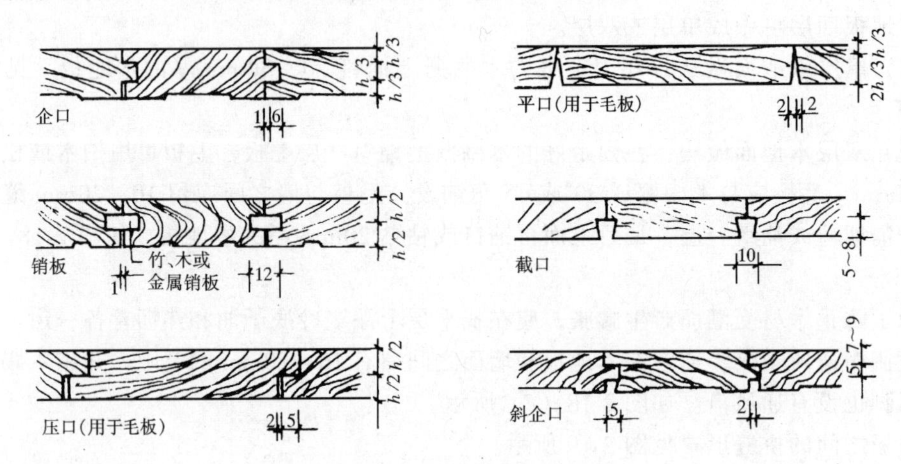

图 2-19 板面拼缝形式

第五节 软质制品楼地面构造

软质制品楼地面是指以质地较软的地面覆盖材料所形成的楼地面饰面，如橡胶地毡、聚氯乙烯塑料地板、化纤地毯等楼地面。

一、橡胶地毡楼地面

橡胶地毡是以天然橡胶或合成橡胶为主要原料，加入适量的填充料加工而成的地面覆盖材料。

1. 饰面特点

橡胶地毡地面具有较好的弹性、保温、隔撞击声、耐磨、防滑、不导电等性能，适用于展览馆、疗养院等公共建筑，也适用于车间、实验室的绝缘地面以及游泳池边、运动场等防滑地面。

2. 基本构造

橡胶地毡表面有平滑或带肋两类，其厚度为4～6mm，它与基层的固定一般用胶粘剂粘贴在水泥砂浆基层上。橡胶地毡楼地面构造如图2-20所示。

二、塑料地板楼地面

塑料地板楼地面是指用聚氯乙烯或其他树脂塑料地板作为饰面材料铺贴的楼地面。

1. 饰面特点

塑料地面具有美观、耐腐蚀、易清洁、绝缘性能较好、施工简便、造价较低的优点。多用于一般性居住和公共建筑，如：宾馆、饭店、办公室、会议室、住宅等。不适宜人流较多密集的公共场所。

2. 塑料地板种类

塑料地板的种类很多，从不同的角度划分如下：

(1) 按产品形状，分为块状塑料地板和卷状塑料地板。

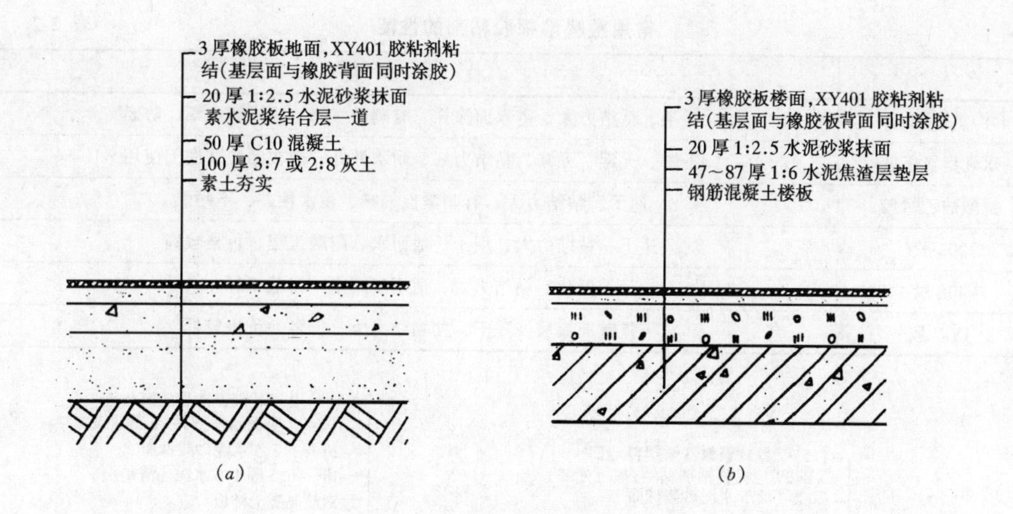

图 2-20 橡胶地毡楼地面构造示意

（a）地面做法；（b）楼面做法

（2）按结构，分为单层塑料地板、双层复合塑料地板、多层复合塑料地板。

（3）按材料性质，分为硬质塑料地板、软质塑料地板、半硬质塑料地板。

（4）按树脂性质，分为聚氯乙烯塑料地板、氯乙烯—醋酸乙烯塑料地板和聚丙烯地板。

目前我国主要生产单层、半硬质塑料地板，厚2mm左右。半硬质聚乙烯石棉塑料地板厚1.6~2mm，可用胶粘剂粘贴在基层上，也可以粘贴于水泥地面、木地面上。适用于宾馆、医院、实验室、住宅等居住和公共建筑。

3. 塑料地板楼地面基本构造

基本构造做法是：基层处理——铺贴。

（1）基层处理

塑料地板基层一般为水泥砂浆地面，基层应坚实、平稳、清洁和干燥，表面如有麻面、凹坑，应用108胶水泥腻子（水泥:108胶:水=1:0.175:4）修补平稳。

（2）铺贴

塑料地板的铺贴有两种方式：

一是直接铺设，适用于大面积塑料卷材地面的铺设。塑料卷材要求根据房间尺寸定位裁切，裁切时应在纵向上留有0.5%的收缩余量（考虑卷材切割下来后会有一定的收缩）。切好后在平整的地面上静置3~5天，使其充分收缩后再进行裁边。粘贴时先卷起一半粘贴，然后再粘贴另一半。如图2-21所示。

二是胶粘铺贴，适用于半硬质塑料地板的铺贴，采用胶粘剂与基层固定，常用的塑料地板胶粘剂及其性能见表2-2。可根据具体情况进行选用。

塑料地板楼地面构造示意见图2-22。

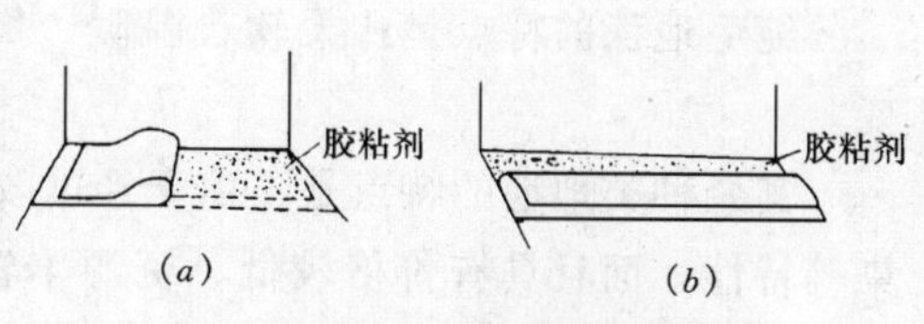

图 2-21 卷材粘贴示意图

（a）横卷；（b）纵卷

常用塑料地板胶粘剂的性能 **表 2-2**

名　称	技 术 性 能
氯丁胶	速干、粘结力大，需双面涂抹，有刺激气味，应注意防毒、防燃
水乳型氯丁胶	不燃、无毒、无味，粘结力好，耐水性好，能在潮湿基底上使用
聚醋酸乙烯胶	速干、粘结力大，有刺激性气味，耐水性差，不耐燃
202 胶	速干、粘结力大，用于一般耐水、耐酸工程，价格较高
405 胶	固化后粘结力大，适用于耐水、耐酸工程
JY-7 胶	需双面涂胶，速干，初粘结力大，低毒，价格较低

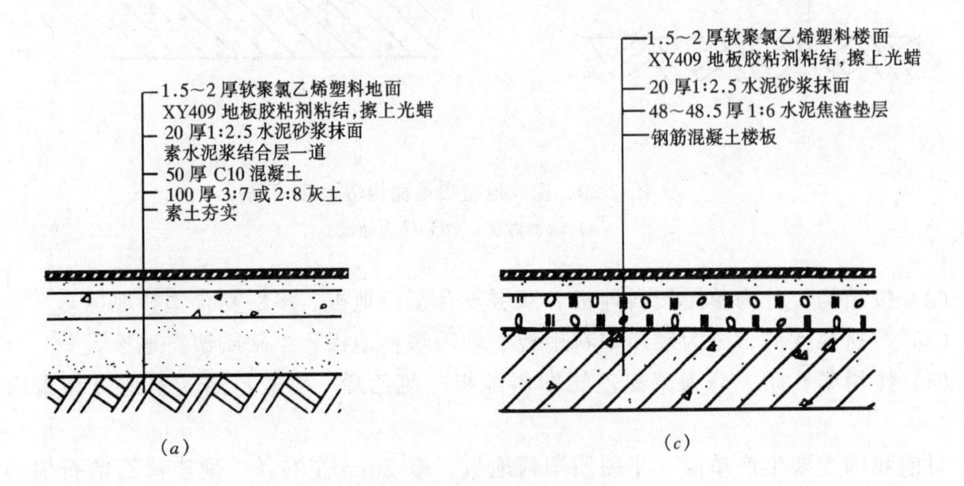

图 2-22　塑料地板楼地面构造示意

(*a*) 地面做法；(*b*) 楼面做法

三、地毯楼地面

1. 饰面特点

地毯是一种高级地面饰面材料。地毯楼地面具有美观、脚感舒适、富有弹性、吸声、隔声、保温、防滑、施工简便和更新方便的特点。广泛应用于宾馆、酒家、写字楼、办公用房、住宅等建筑中。

2. 地毯种类、特点和选用

地毯的种类划分如下：

(1) 按材料分为：纯毛地毯、混纺地毯、化纤地毯、剑麻地毯和塑料地毯等。

(2) 按加工工艺分为：机织地毯、手织地毯、簇绒编织地毯和无纺地毯。

各类地毯均有自身特点，使用时应综合考虑进行选用。

纯毛地毯的特点是：柔软、温暖、舒适、豪华、富有弹性，但价格昂贵，易虫蛀霉变。

其余种类地毯的特点是：由于经过改性处理，可得到与羊毛地毯相近的耐老化、防污染等特性，而且具有价格较低、资源丰富、耐磨、耐霉、耐燃、颜色丰富、毯面柔软强韧，可用于室内外，还可做成人工草皮等特点，因此应用范围较羊毛地毯广。

各种场所地毯的选用可参照表 2-3。

常用地毯适用场所 表 2-3

名称	断面形状	适用场所
高簇绒		居室、客房
低簇绒		公共场所
粗毛高簇绒		公共场所
粗毛低簇绒		居室或公共场所
一般圈绒		公共场所
高低圈绒		公共场所
圈绒、簇绒组合式		居室或公共场所
切绒		居室、客房

3. 地毯楼地面基本构造

(1) 基层处理

地毯铺设对基层要求不高，主要是要求平整，底层地面基层应做防潮层。

(2) 地毯的铺设

地毯的铺设分为满铺和局部铺设两种。铺设方式有固定和不固定两种。不固定铺设是将地毯浮搁在基层上，不需将地毯与基层固定，方法简单，本书从略。

地毯固定铺设的方法又分为两种，一种是胶粘剂固定法另一种是倒刺板固定法。胶粘剂固定法用于单层地毯，倒刺板固定法用于有衬垫地毯。

1) 胶粘剂固定法

用胶粘剂固定地毯是指将胶粘剂直接刷在基层上，然后铺上地毯并固定。刷胶有满刷和局部刷两种，不常走动的房间多采用局部刷胶，在公共场所由于人活动频繁，应采用满刷胶。

当用胶粘固定地毯时，地毯一般有具有较密实的基底层，常见的基底层是在绒毛的底部粘上一层厚为2mm左右的胶，有的采用塑胶，有的采用橡胶，有的用泡沫胶层，不同的胶底层，对耐磨性影响较大。有些重度级（指磨损度）的专业地毯，胶的厚度为4～6mm，而且在胶的下面再贴一层薄毯片。

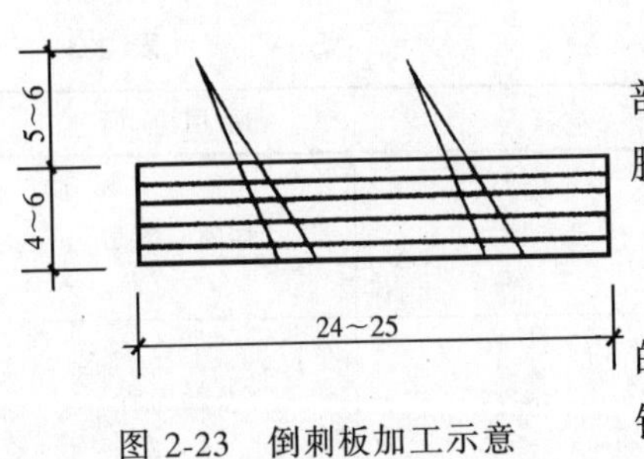

图 2-23　倒刺板加工示意

地毯的拼接缝可以用麻布带粘结，即先在拼接缝部位下部，取 100mm 左右宽的麻布带，并在带上刷胶，然后将地毯接缝粘牢。

2）倒刺板固定法

采用倒刺板固定地毯做法是：首先将要铺设房间的基层清理干净，然后沿边缘用高强水泥钉将倒刺板钉在基层上，间距 400mm 左右。倒刺板要离开踢脚板 8～10mm，便于榔头砸钉子。当地毯完全铺好后，用剪刀裁去墙边多出的部分地毯，再用扁铲将地毯边缘塞入踢脚板下预留的空隙中。

倒刺板的制作，一般是用 4～6mm 厚、24～25mm 宽的木板条，板上平行地钉两行斜铁钉。铁钉按同一方向与板面成 60°或 70°角，如图 2-23 所示。

倒刺板也可采用市售产品，目前市售产品多为 L 形铝合金倒刺、收口条，如图 2-24 所示。这种铝合金倒刺收口条具有倒刺收口两重作用，既可用于固定地毯，也可用于两种不同材质的地面相接的部位或是室内地面有高差的部位起收口作用。

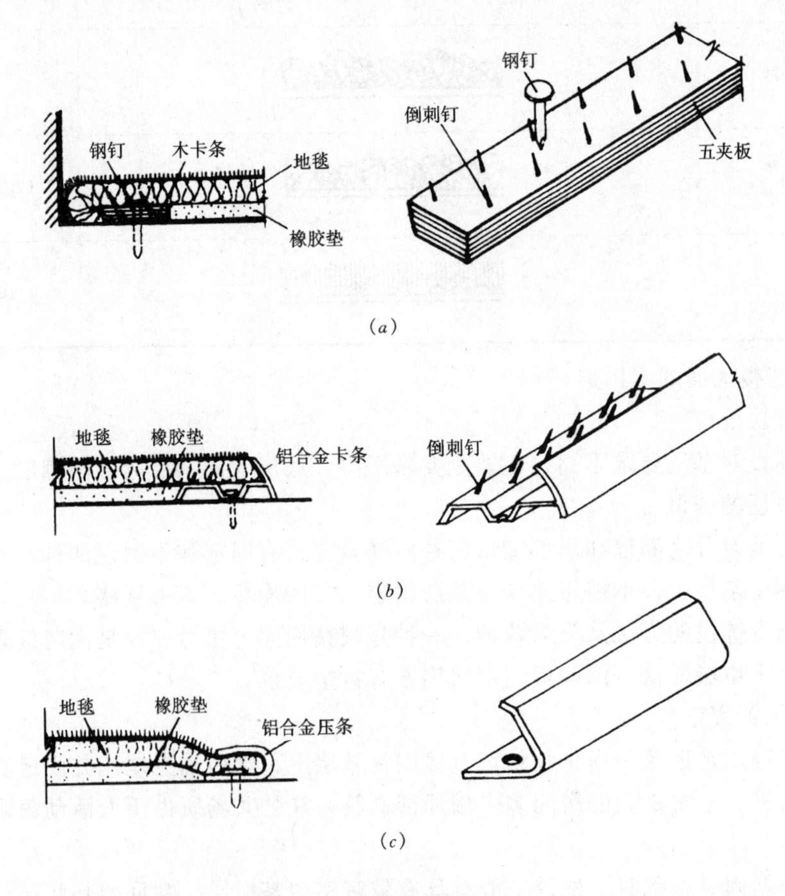

图 2-24　地毯收口固定示意

(a) 倒刺条（用于靠墙处）；(b) 铝合金卡条（用于门口或尽端）；(c) 铝合金压条（用于门口或尽端）

采用倒刺板固定地毯，一般应在地毯的下面加设垫层，垫层一般为波纹垫层（泡沫塑料），厚度为10mm左右。波纹垫用胶粘剂（108胶或白乳胶）粘到基层上。垫层不要压住倒刺板条，应离开倒刺板条8～10mm左右，以防铺设地毯时影响倒刺板上的钉点对地毯地面的勾结。

地毯楼地面构造见图2-25所示。

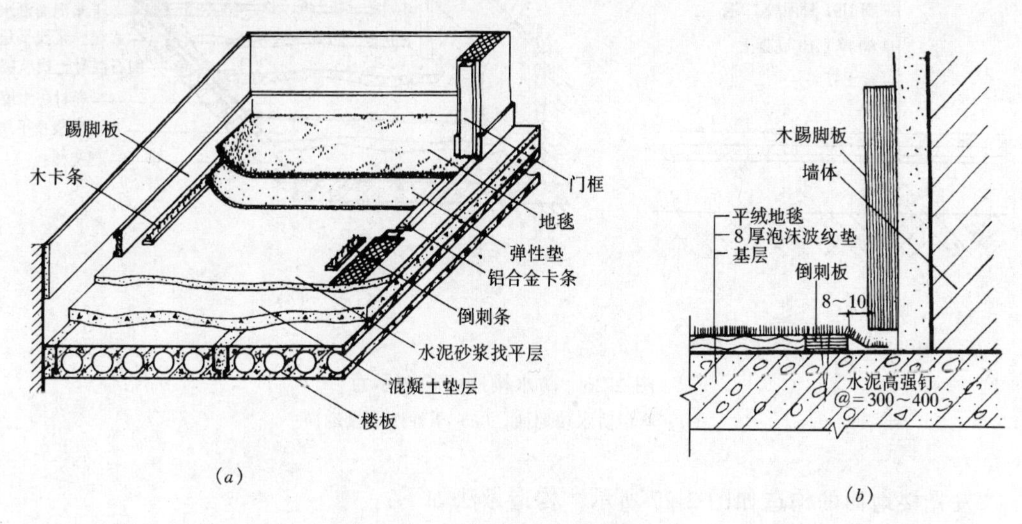

图2-25　地毯楼地面构造示意

（a）地毯楼面构造；（b）倒刺板、踢脚板与地毯的固定

第六节　特种楼地面构造

特种楼地面是为了满足各种不同使用要求的房间而设，其种类很多，本书仅介绍防水楼地面、发光楼地面和活动夹层楼地面。

一、防水楼地面

防水楼地面主要用于经常有水作用的房间，如盥洗室、厕所、浴室、厨房等。

防水地面常见的防水处理方法有两种，一种是刚性防水，另一种是柔性防水。

（1）刚性防水

就是以防水砂浆或防水混凝土做防水层，即在水泥砂浆或混凝土掺入防水剂，目前常用的防水剂是JJ91硅质密实剂，其掺入量为水泥量的3%，使水泥砂浆或混凝土具有微膨胀性，密实性和憎水性，以制成具有防水作用的防水砂浆或防水混凝土，然后将其铺设在基层上，再做楼地面面层。

（2）柔性防水

就是以防水涂料或PVC等卷材做防水层。将其粘贴铺设在基层上，然后在防水层上浇筑细石混凝土，再做楼地面面层。

防水楼地面基本构造见图2-26。

二、发光楼地面

发光楼地面是指地面采用透光材料，光线由架空地面的内部向室内透射的一类地面。发光楼地面主要用于舞厅的舞台和舞池、歌剧院的舞台、大型高档建筑的局部重点处理地面。常用的透光材料有双层中空钢化玻璃、双层中空彩绘钢化玻璃、玻璃钢等。

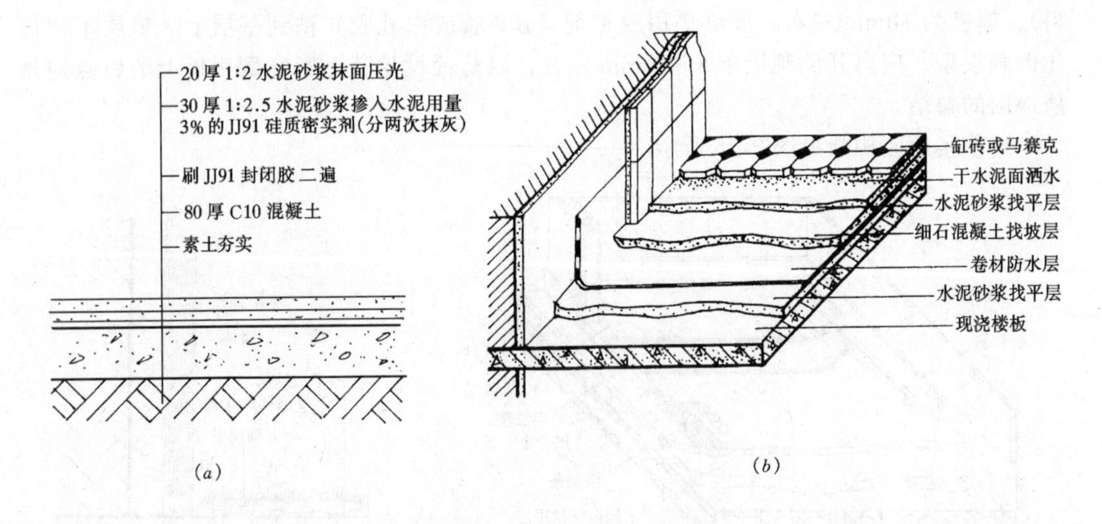

图 2-26　防水楼地面构造示意

(*a*) 刚性防水楼地面；(*b*) 柔性防水楼地面

发光楼地面的构造如图 2-27 所示，构造做法如下：

1. 架空基层设置

架空基层主要由架空支承结构、搁栅组成。架空基层高度要保证光线均匀投射到地面。

(1) 架空支承结构。一般有砖支墩、混凝土支墩、钢结构支架和木结构支架等几种。由于前三种的耐火性能良好，所以应优先选用。为了使架空层与外部之间有良好的通风条件，一般沿外墙每隔 3000～5000mm 开设 180mm×180mm 的通风散热孔洞，墙洞口加封钢丝网罩，或与通排风管道相连。由于架空层内敷设泛光灯具及管线等设备，因此在使用空间条件许可的情况下，需考虑预留进人孔。否则只能通过设置活动面板来解决这一问题。

(2) 搁栅。搁栅的作用主要是固定和承托面层，一般采用木搁栅、型钢、T 形铝型材等。其断面尺寸应根据垄墙（或砖墙）的间距来确定。铺设找平后，将搁栅与支承结构固定即可。要注意的是，木搁栅在施工前应预先进行防火处理。

钢结构支架、木结构支架架空支承结构如图 2-27 所示。

2. 灯具安装

地面内灯具应选用冷光源灯具，以免散发大量光热。灯具基座固定在楼盖基层上。灯具应避免与木质构件直接接触，并采取相应隔绝措施，以免引发火灾事故。光珠灯带可直接敷设或嵌入地面。

3. 透光面板固定

透光面板与架空支承结构固定连接有搁置与粘贴两种方法。搁置法节省室内使用空间，便于更换维修灯具及管线，在实际工作中应用较多。粘贴法由于要设置专门的进人孔，所以架空层需考虑经常维修的空间。一般在楼层不宜采用，否则会影响室内使用空间。

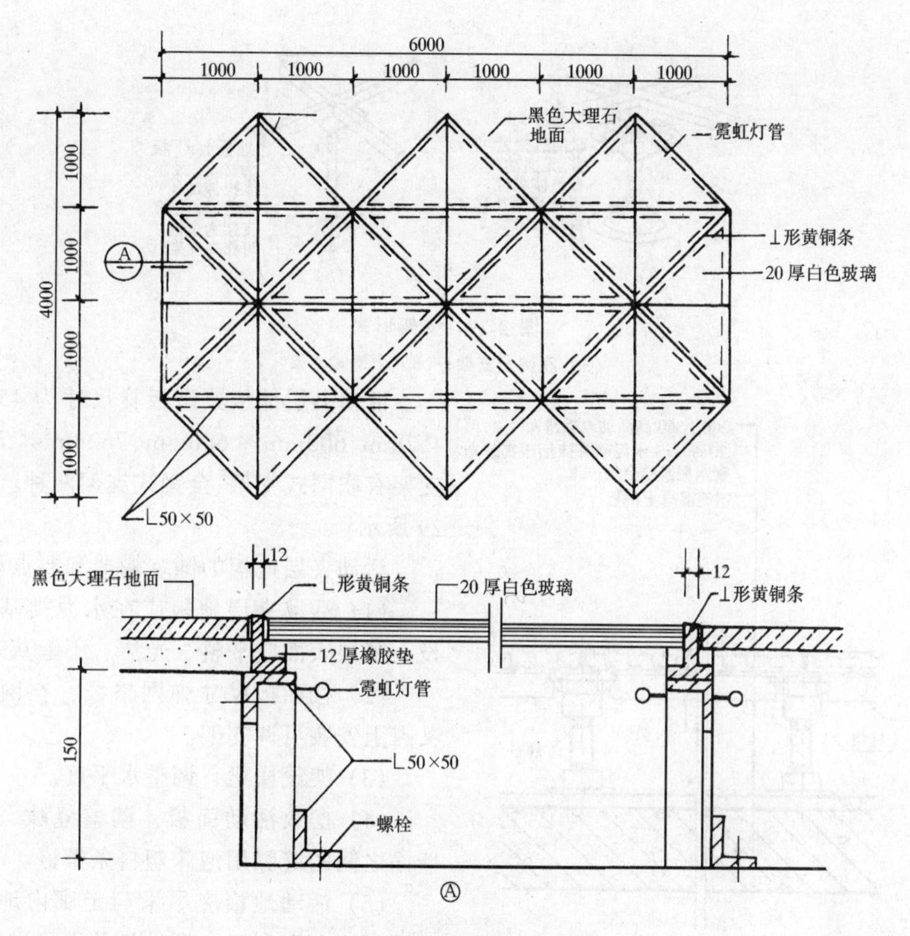

图 2-27 发光楼地面构造示意

发光楼地面在结构处理上还应注意处理好透光材料间的接缝，目的是为了防止在使用过程中透光材料移动，防止地面灰尘、水渗入地面内部。处理方法是采用密封条嵌实或用密封胶封缝。

三、活动夹层楼地面

活动夹层楼地面是由活动地板块，配以横梁、橡胶垫条和可供调节高度的金属支架等组成。其中活动地板块是以特制的平压刨花板为基材，表面饰以柔元高压三聚氰胺等装饰板，底层用镀锌钢板，经胶粘剂胶合而成，如图 2-28 所示。由于活动夹层地板具有安装、调试、清理、维修简便，板下可敷设管道和导线、可以随意开启检查、迁移等优点，因此广泛用于计算机房、通讯中心、电化教室、展览馆、剧场、舞台等防尘和导静电要求的专业用房楼地面。

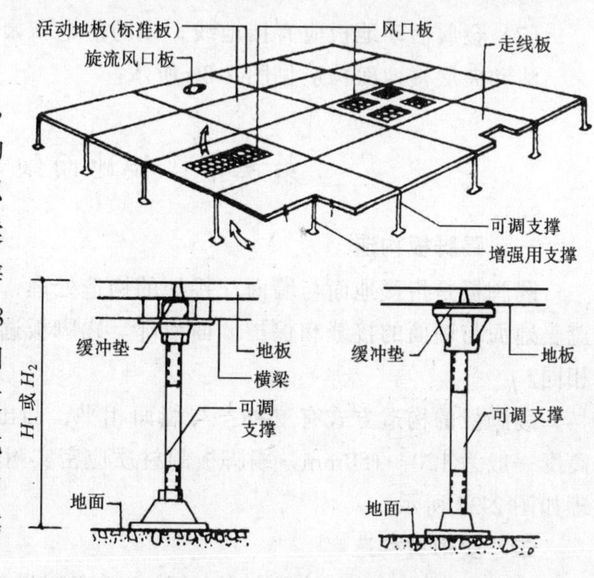

图 2-28 活动夹层地板组成

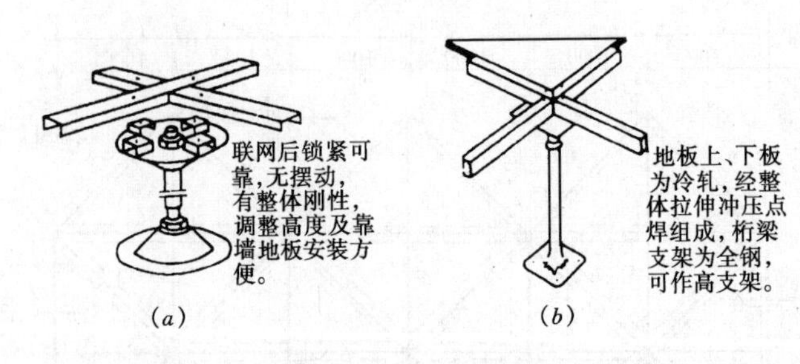

图 2-29 支架形式

(*a*) 联网式支架；(*b*) 全钢式支架

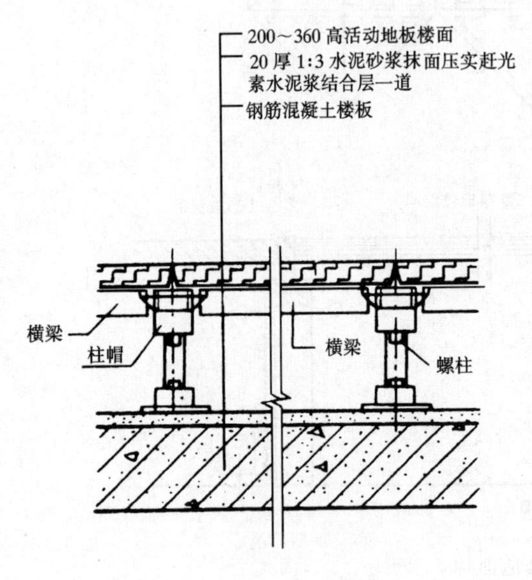

图 2-30 活动夹层楼地面构造示意

活动夹层地板典型板材尺寸为 457mm × 457mm、600mm × 600mm、762mm × 762mm。支架有联网式支架、全钢式支架两种。如图 2-29 所示。

活动夹层地板的铺装构造和要点如下：

(1) 活动夹层地板应在水泥类基层上铺设。基层表面应平整、光洁、不起灰。

(2) 按面板尺寸弹网格线，在网格的交叉点上安装可调支架。

(3) 架设横梁，调整水平度。

(4) 摆放活动面板，调整缝隙，面板与墙面之间的缝隙用泡沫塑料条镶嵌。

(5) 活动地板应尽量与走廊内地面保持一致高度，以利于大型设备及人员进出。

(6) 地板上有重物时，地板下部应加设支架。

(7) 金属活动地板应有接地线，以防静电积聚和触电。

活动夹层楼地面构造见图 2-30 所示。

第七节 楼地面细部装饰构造

一、踢脚板构造

踢脚板是指楼地面与墙面交接处的构造处理，也可以说是地面的延伸。其主要作用是遮盖地面与墙面的接缝和保护墙面根部。踢脚板选用的材料一般与地面相同，但也可以不相同。

踢脚板的构造方式有三种：与墙面相平，凸出墙面和凹进墙面，如图 2-31 所示。其高度一般为 120～150mm，踢脚板的材质应密实耐水和色泽稍重为佳。常见材料的构造处理如图 2-32 所示。

二、变形缝构造

变形缝是为了满足建筑结构变形的需要而设的。它包括伸缩缝、沉降缝和防震缝三

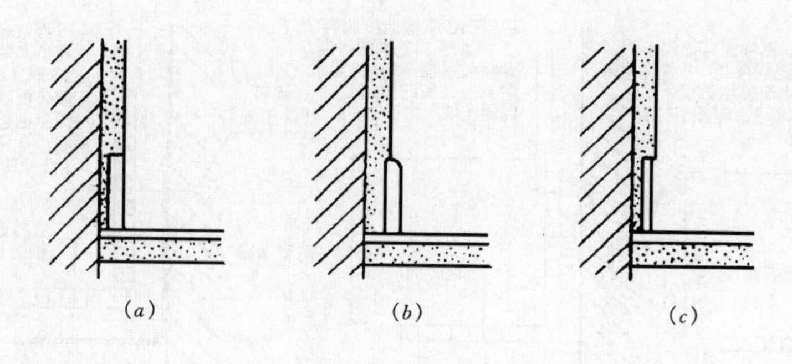

图 2-31　踢脚板的形式

(a) 相平；(b) 凸出；(c) 凹进

种。变形缝贯通各层墙体、楼地面和顶棚。楼地面变形缝的位置、材质、装饰风格均应与墙体变形缝和顶棚变形缝协调一致。形成封闭的环形整体。

楼地面变形缝的几种构造做法如图 2-33 所示。

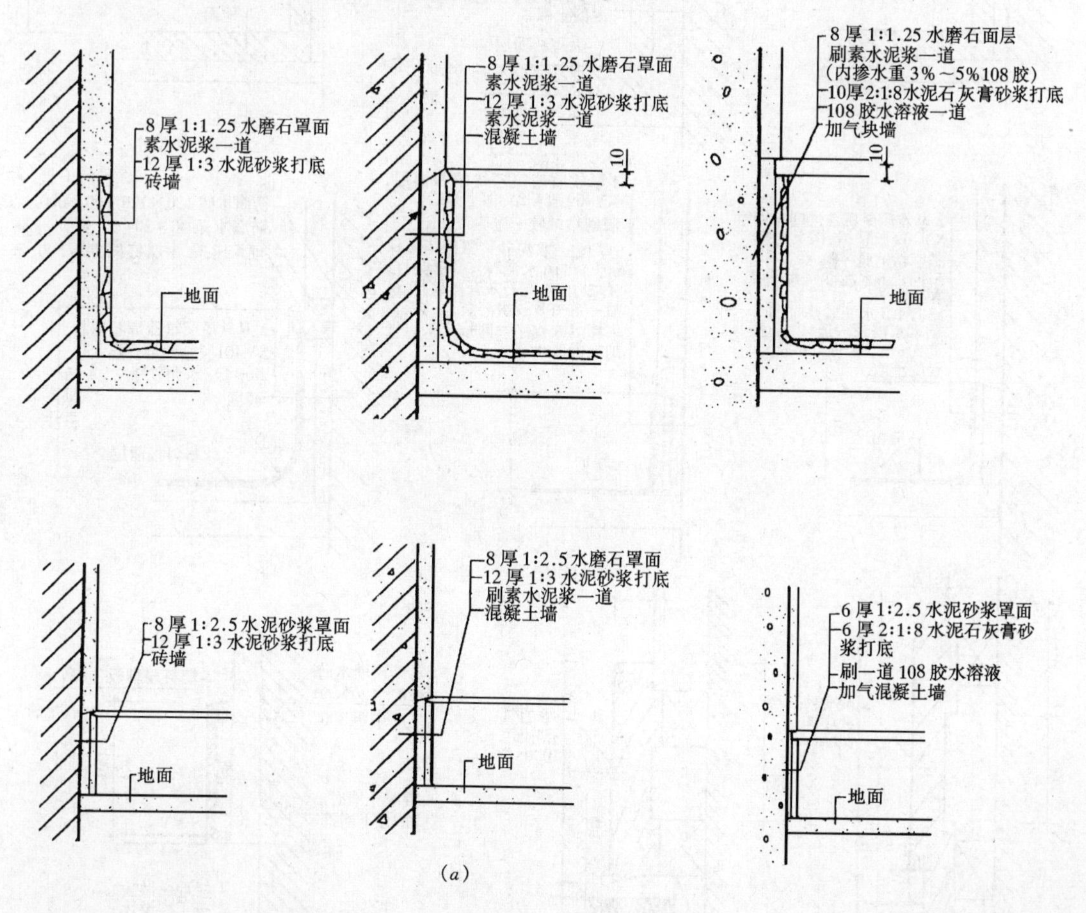

图 2-32　常用踢脚板构造示意（一）

(a) 粉刷类踢脚做法

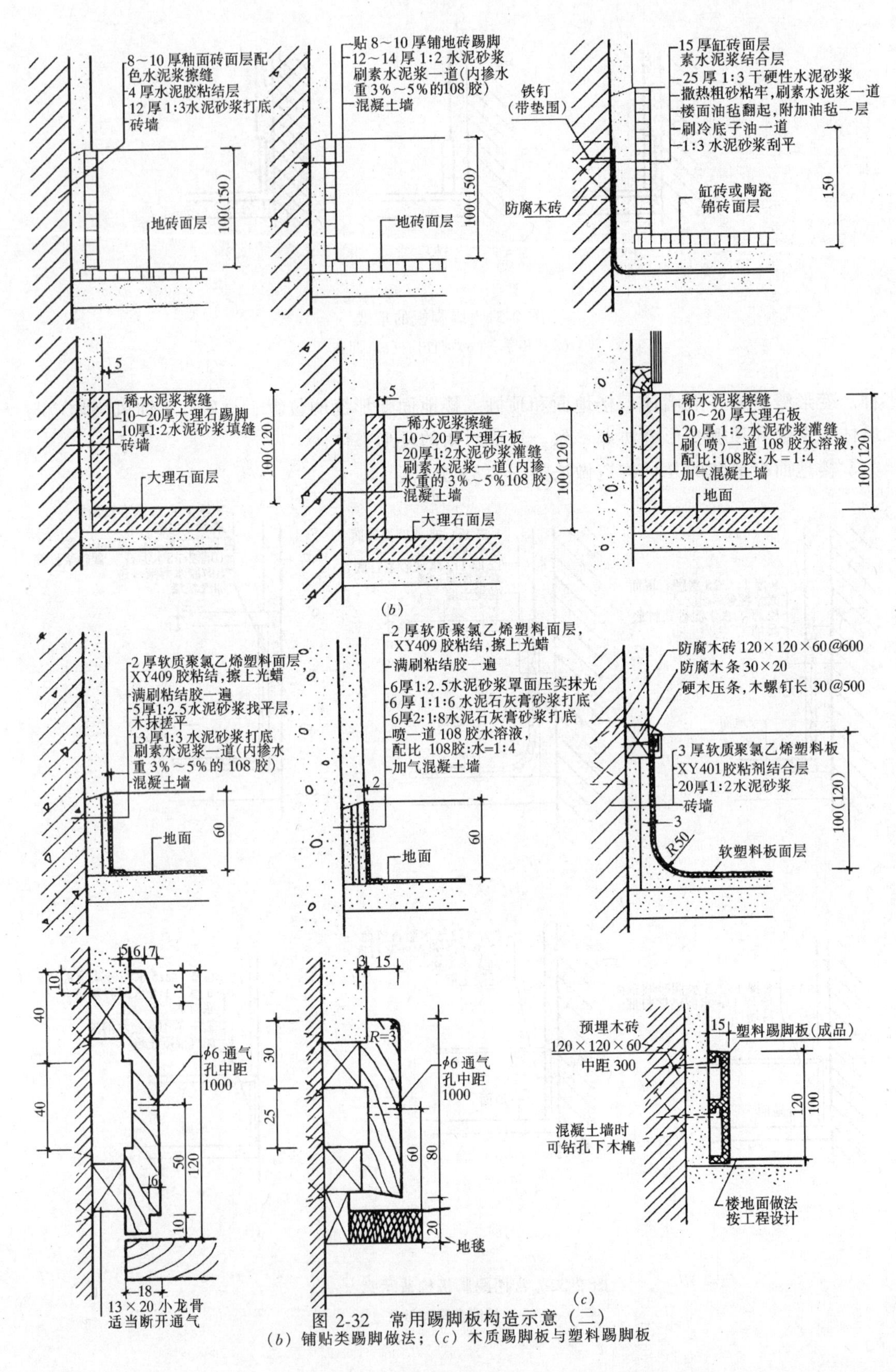

图 2-32 常用踢脚板构造示意(二)
(*b*)铺贴类踢脚做法;(*c*)木质踢脚板与塑料踢脚板

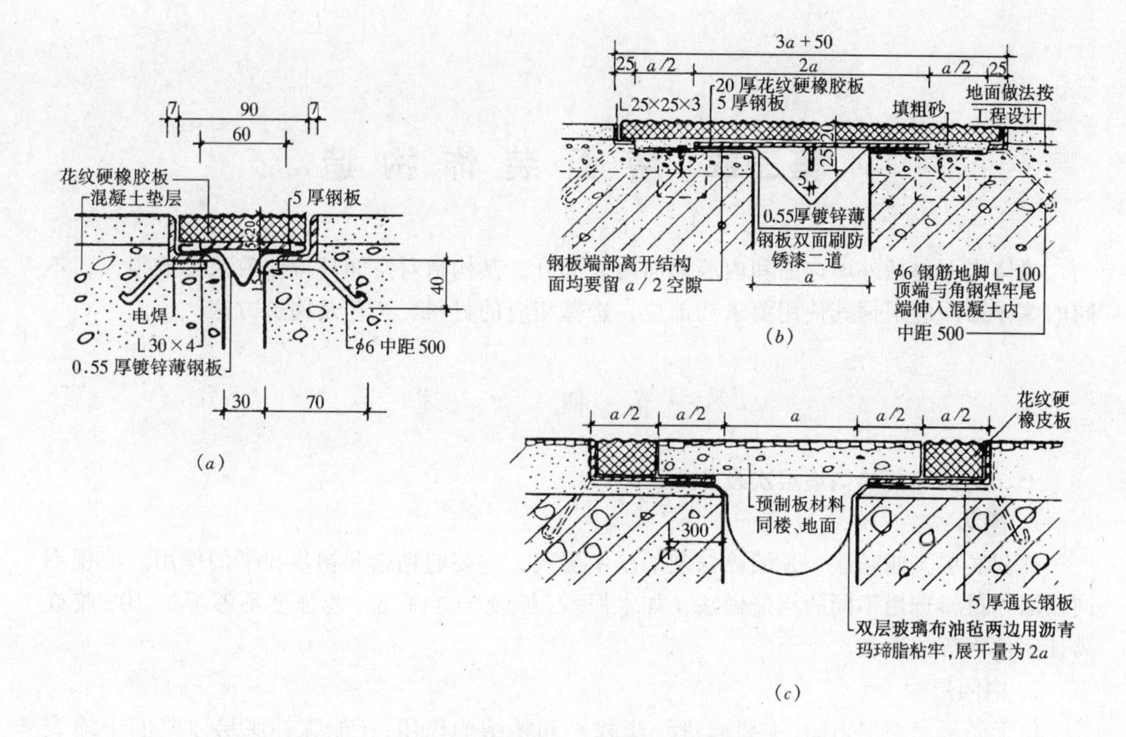

图 2-33 地面变形缝构造

（a）地面变形缝；（b）、（c）楼面变形缝

思考题与习题

2-1 楼地面装饰有哪些功能作用？

2-2 美术水磨石楼地面材料如何选用？

2-3 画图说明现浇美术水磨石楼地面的构造做法。

2-4 块材式楼地面的饰面特点有哪些？试画出块材式楼地面的构造层次。

2-5 试述大理石板和花岗石板楼地面的构造做法和要求。

2-6 木楼地面饰面有何特点？适用于什么建筑地面？

2-7 粘贴式木地面与实铺式木地面在构造上有何区别？它们的构造如何？

2-8 地毯楼地面饰面有什么特点？广泛用于什么建筑中？

2-9 地毯固定铺设的方法有几种？试述各种固定法的构造和要求。

2-10 完成某高级住宅客厅地面的装饰构造设计，该客厅的开间为 5100mm，进深为 6900mm。墙体厚度为 240mm，根据所在地区气候特点进行选用地面材料和地面做法。

设计内容和要求如下：

（1）画出该客厅的地面装饰平面图和构造详图。说明材料及其规格和颜色，按国家标准表示材料和图例。

（2）画出踢脚板构造详图。

（3）比例自定。

（4）用 3 号图幅，上墨完成，图纸应符合国家制图标准要求。

第三章　墙 面 装 饰 构 造

墙体饰面包括外墙饰面和内墙饰面两大部分，其构造对空间环境的效果影响很大，不同的墙体饰面应根据其使用要求和部位，选择相应的材料、工艺及构造方法。

第一节　概　　述

一、墙体饰面的构造层次及作用

1. 抹灰底层

抹灰底层又叫基层，是墙体抹灰的基本层次，主要起粘结和初步找平的作用。应视不同的墙体材料选用不同的构造做法，如水泥∶石灰∶砂＝1∶1∶6，若强度不够可加108胶或满挂钢丝网等抹底灰。

2. 中间层

位于底层和面层之间，主要起进一步找平和粘结的作用，还能弥补底层砂浆的干缩裂缝，用料一般同底灰。但根据位置及功能的要求，还可增加防潮、防腐、保温隔热等中间层。

3. 面层

面层位于最外侧，满足使用和装饰功能，其材料可以是各类抹灰、块材、卷材、板材等。

二、墙体饰面的功能

1. 保护墙体

墙体饰面能保护墙体免受机械碰撞，避免墙体遭受风吹、日晒、雨淋以及腐蚀性气体和微生物作用的侵蚀，从而提高其耐久性。

2. 改善墙体的物理性能

在墙体内结合饰面做保温隔热处理，可提高墙体的保温隔热能力，也可通过选用白色或浅色饰面材料反射太阳光，减少热辐射，从而节约能源，调节室内温度。内墙饰面采用吸声材料，可有效控制混响时间，改善音质。增大饰面材料的面密度或增加吸声材料，可不同程度地提高墙体隔声性能。

3. 装饰功能

(1) 外墙饰面

不同的墙体饰面材料和不同构造方式，可使外墙饰面表现出不同的质感、色彩、线型效果，从而丰富建筑的立面造型。

(2) 内墙饰面

内墙饰面属近视距观赏范畴，甚至和人体直接接触，因此应选用质感、触感较好的装饰材料，特别是墙裙、窗帘盒、门窗套、暖气罩及挂镜线等特殊部位，均应采用特殊的构造措施，使之与室内整体环境协调一致。

三、墙体饰面的分类

根据墙体饰面常用的装饰材料、构造方式和装饰效果，墙体饰面可分为：

1. 抹灰类墙体饰面

包括一般抹灰和装饰抹灰饰面。

2. 贴面类墙体饰面

包括陶瓷制品、天然石材和预制板材等饰面装饰。

3. 涂刷类墙体饰面

包括涂料和刷浆等饰面装饰。

4. 裱糊类墙体饰面

包括壁纸和墙布等饰面装饰。

5. 罩面板类墙体饰面

包括木质、金属、玻璃及其他板材饰面装饰。

第二节　抹灰类墙体饰面构造

一、抹灰类饰面的特点

墙面抹灰的优点是材料来源丰富，便于就地取材，价格便宜，属中低档抹灰；缺点是容易受灰尘污染，现场湿作业多，劳动强度大。当抹灰面强度低时，特别是阳角易被破坏，应用1:2水泥砂浆或预埋角钢作护角，高度为1500～1800mm。如图3-1。

二、一般抹灰饰面构造

（一）一般抹灰的种类及特点

根据抹灰质量的不同，一般抹灰分普通抹灰、中级抹灰和高级抹灰三种标准。

普通抹灰由底层、面层构成，或不分层次，一遍成活。适用于简易住宅、大型临时设施以及地下室、储藏室等辅助用房。

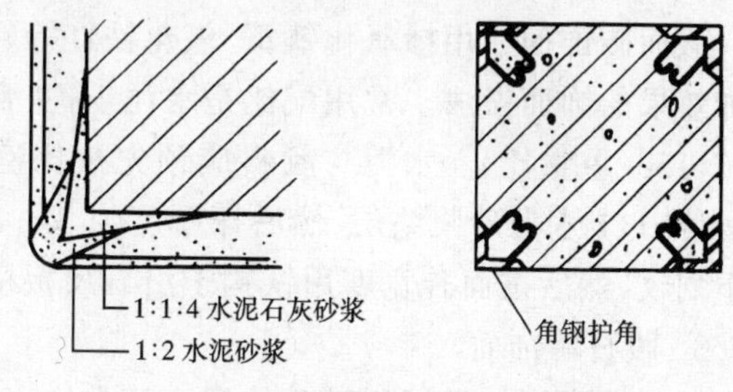

图 3-1　墙和柱的护角

中级抹灰由底层、中间层、面层构成，适用于一般住宅、公共建筑、工业建筑以及高级建筑物中的附属建筑。

高级抹灰由底层、多层中间层、面层构成，适用于大型公共建筑、纪念性建筑以及有特殊功能要求的高级建筑物。

（二）一般抹灰的基本构造

1. 根据建筑标准和饰面功能要求，选用底层抹灰砂浆种类及厚度

底层抹灰一般为1:1:6水泥石灰混合砂浆，低标准的内墙抹灰也可用1:3石灰砂浆，若墙体有防水或防潮要求时，应采用1:3水泥砂浆；墙体细部线脚应用水泥砂浆；北方地区外墙饰面宜用1:2.5或1:3水泥砂浆。

2. 根据装修级别及平整度选中层抹灰遍数、厚度

中层抹灰材料同底层。

3. 控制面层抹灰表面的平整度及质量

面层抹灰要求表面平整、色泽均匀、无裂缝及缺棱缺角。

根据规范要求，抹水泥砂浆每遍厚度为5～7mm，抹水泥石灰混合砂浆每遍厚度为7～9mm。总厚度：室内普通抹灰为18mm，中级抹灰为20mm，高级抹灰为25mm，外墙抹灰为20mm，勒脚及突出墙体部分为25mm，外墙为35mm，抹灰厚度一般不宜大于40mm。各地应根据个案设计自行选择。

三、装饰抹灰饰面构造

（一）饰面特点

聚合物水泥砂浆(喷涂或弹涂)、干粘石、水刷石、假面砖、假石墙饰面都属装饰抹灰,其饰面效果依靠水泥砂浆或石粒的颜色、颗粒形状及做法来达到,具有质感丰富,不易褪色和污染的效果,相对一般抹灰标准较高。缺点是功效低,造价高,面层厚度大,日久易出现裂纹。

（二）装饰抹灰基本构造

1．聚合物水泥砂浆的喷涂、弹涂

聚合物水泥砂浆，就是在普通水泥砂浆中掺入适量的有机聚合物（一般为水泥重量的10％～15％），从而改善原来材料的性能。

聚合物水泥砂浆喷涂饰面,是用挤压式砂浆泵或喷斗将砂浆涂于墙体表面而形成的装饰层。从质感上分,有表面灰浆饱满成波纹状的波面喷涂和表面布满点状颗粒的粒状喷涂。

聚合物水泥砂浆弹涂饰面，是在墙体表面刷一道聚合物水泥色浆后，用弹涂器分几遍将不同色彩的聚合物水泥砂浆弹在已涂刷的涂层上，形成3～5mm扁圆形花点，再罩喷甲基硅树脂或聚乙烯醇丁醛溶液，使面层质感好，并有类似于粘石的装饰效果。

2．假面砖饰面

假面砖饰面使用掺氧化铁黄、氧化铁红等颜料的水泥砂浆通过手工操作达到模拟面砖装饰效果的饰面做法。常用配比是水泥∶石灰膏∶氧化铁黄∶氧化铁红∶砂子为100∶20∶(6～8)∶2∶150(重量比)。水泥与颜料应预先按比例充分混合均匀。做法是先在底灰上抹厚为3mm的1∶1水泥砂浆垫层,然后抹厚度为3～4mm的面层砂浆,用铁梳子顺着靠尺板自上而下划纹,然后按面砖宽度用铁钩子沿靠尺板横向划深3～4mm的沟,露出垫层砂浆即可。

3．假石墙饰面

假石墙常用的有斩假石和拉假石两类饰面，是将水泥石渣浆作面层，待达到一定强度后用斧斩剁或用拉耙拉出纹路的人造假石装饰面。

（1）斩假石饰面基本构造

先用12mm厚1∶3水泥砂浆打底，然后刷素水泥浆一道，随抹10mm厚1∶1.25水泥石渣浆。石渣宜用石屑（粒径0.5～1.5mm），也可采用2mm的米粒石，内掺30％粒径为0.15～1mm的石屑。在面层配料中加入各色骨料或颜料，可达到天然石材（如花岗岩、青条石等）的装饰效果。其分层构造如图3-2。

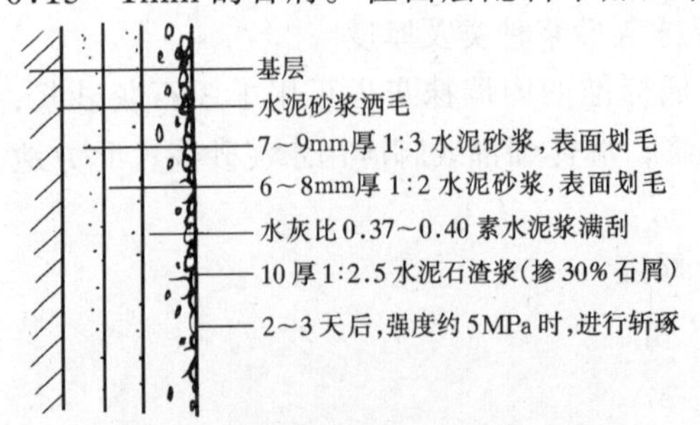

图3-2　斩假石饰面分层的构造示意

（2）拉假石饰面基本构造

底灰处理同斩假石，面层常用的配比是：水泥∶石英砂（或白云石屑）＝1∶1.25，厚度8～10mm，待水泥初凝后，用拉耙依着靠尺按同一方向挠刮，除去表面水泥浆，露出石渣。拉纹深一般为1～2mm，宽度以3～3.5mm为宜。其做法示意图如图3-3。

4. 水刷石饰面

水刷石饰面底灰处理与斩假石相同。面层水泥石渣浆的配比依石渣粒径而定，一般为1∶1（粒径 8mm）、1∶1.25（粒径 6mm）、1∶1.5（粒径 4mm）；厚度通常取石渣粒径的 2.5 倍，依次为 20mm、15mm、10mm。面层抹好初凝固后，用水刷去表面水泥浆，使石渣露出 1/3 左右。常在面层中加入彩色石渣浆，以造成特殊肌理效果。其分层构造如图 3-4。

目前，还可以在墙表面刷一层缓凝剂，这样可在终凝后，用水刷去未凝固的水泥浆。这种工艺既不损坏内部材料，又不至于表面石子脱落。

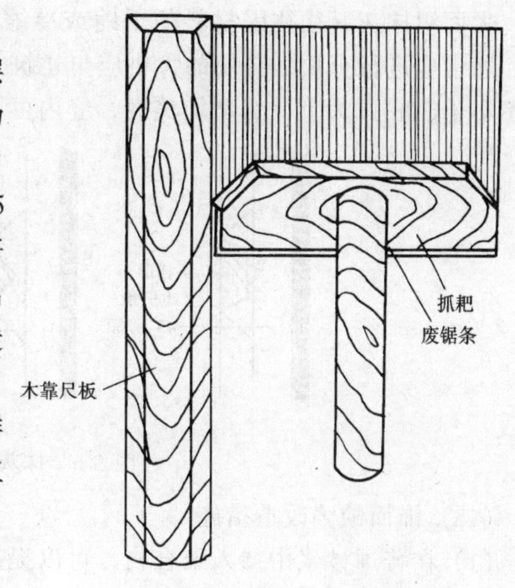

图 3-3　拉假石做法示意

5. 干粘石饰面

干粘石饰面选料一般采用粒径小、易于排密的小八厘石渣（粒径 4mm）。基本构造是：12mm 厚 1∶3 水泥砂浆打底，并扫毛或划出纹路；中间层 6mm 厚 1∶3 水泥砂浆；面层为粘结砂浆，常用配比为：水泥∶砂∶108 胶＝1∶1.5∶0.15或水泥∶石膏∶砂子∶108 胶＝1∶1∶2∶0.15。冬季施工应采用前一级配比，加入适量抗冻剂。面层砂浆抹平后，甩撒石粒，然后拍平压实，使石渣埋入粘结砂浆 1/2。

干粘石操作简便，饰面效果与水刷石相似，与水刷石相比，可提高工效 50%，节约水泥 30%、石子 50%，但强度较低，与人直接接触部位不宜采用，构造做法见图 3-5。

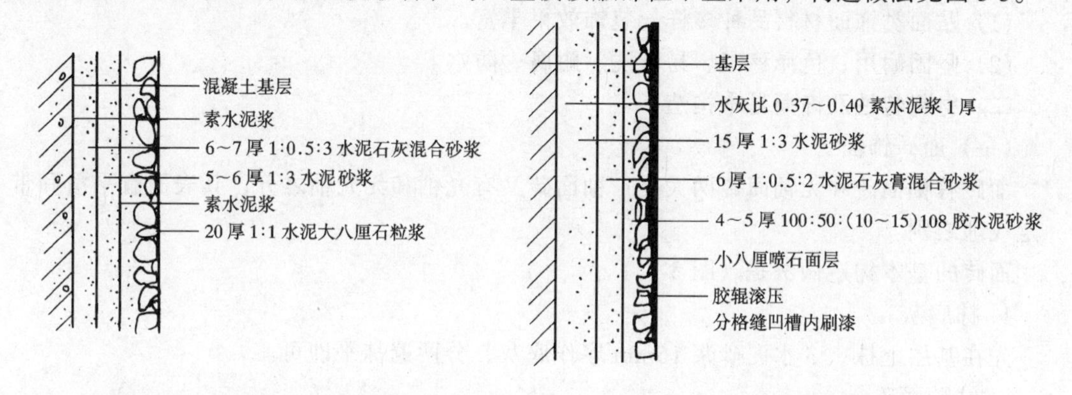

图 3-4　水刷石饰面分层构造

图 3-5　干粘石饰面分层构造

喷粘石是在干粘石饰面做法的基础上，改用空气压缩机带动喷斗喷射石渣，相对干粘石机械化程度高，功效快，劳动强度低，石渣粘结牢固。

喷石屑饰面的石渣粒径较喷粘石和干粘石都小。在粘结砂浆中掺入甲基硅醇钠疏水剂可提高面层的耐污染性。

干粘喷细石饰面则是将小石子甩在粘结层上，压实拍平，半凝固后，用喷枪法除去表面水泥浆，使石子半露，形成人造石料饰面。

四、细部处理及改进措施

（一）分块与设缝

大面积抹灰，往往因材料的干缩或冷缩而开裂，或发生色彩不匀，表面不平整等缺陷。通常应进行分块，分块的大小应与建筑立面处理相结合，分块缝不宜太窄太浅，宽度以不小于20mm为宜，为增加美观，缝内可刷色浆。其构造做法见图3-6。

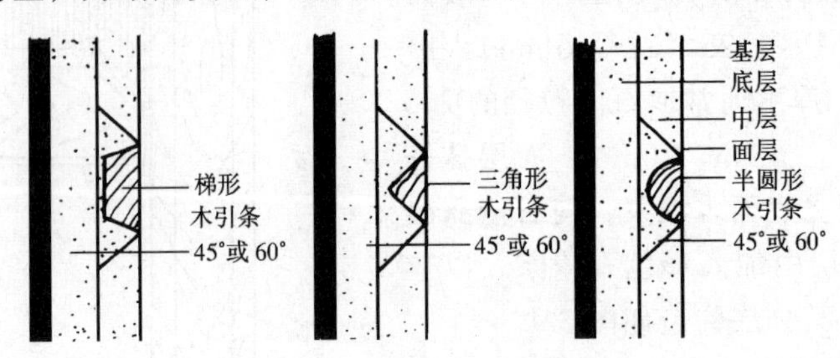

图3-6 抹灰分块设缝构造

（二）饰面缺陷改造措施

（1）在普通砂浆中掺入聚合物，可以提高其粘结强度，降低脆性，增强韧性，从而改善粉化、脱落现象，减轻早期开裂。

（2）配用合适的耐光、耐碱颜料，可以解决变色、褪色问题。

（3）掺加疏水剂，可降低吸水3/4，从而改进饰面的耐污染性。

第三节 贴面类墙体饰面构造

一、饰面特点

（1）贴面类饰面材料品种多样，装饰效果丰富。

（2）坚固耐用、色泽稳定、易清洗、耐腐、防水。

二、材料特性及饰面基本构造

（一）面砖饰面

面砖有釉面砖和无釉面砖两大类：釉面砖又有光釉和无光釉之分，其表面有平滑和带一定纹理之别。

面砖的基本构造做法是（图3-7）：

1.抹底灰

先在基层上抹1:3水泥砂浆15mm厚作底灰，分两遍抹平即可。

2.粘贴面砖

粘结砂浆为1:2.5水泥砂浆或1:0.2:2.5的水泥石灰混合砂浆，若采用108胶（水泥重量的5%～10%）的水泥砂浆粘贴更好，其厚度不小于10mm，然后贴上面砖即可。

3.面砖细部处理

用1:1白色水泥砂浆填缝，并清理面砖表面。

（二）瓷砖饰面

瓷砖又称釉面砖、釉面陶土砖等，是用瓷土或优质陶土烧制而成的饰面材料。表面可为白色，也可为彩色，光滑、美观、吸水率低；广泛用于室内需经常擦洗的墙面。常用尺寸有152mm×152mm，108mm×108mm，152mm×751mm等，厚度4～6mm。另有阳角条、阴角条、压条或带有圆边的构件供选用。

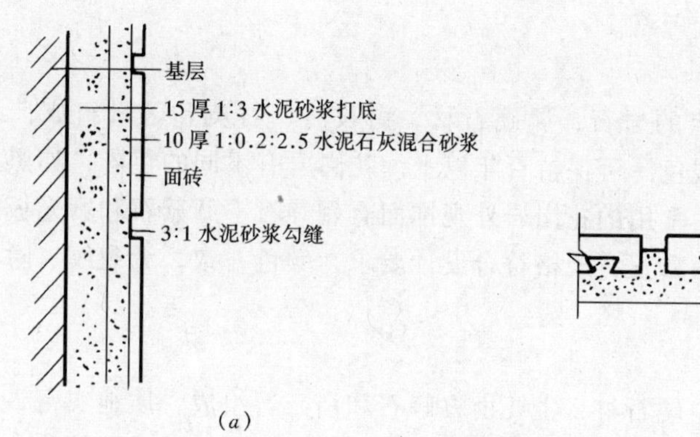

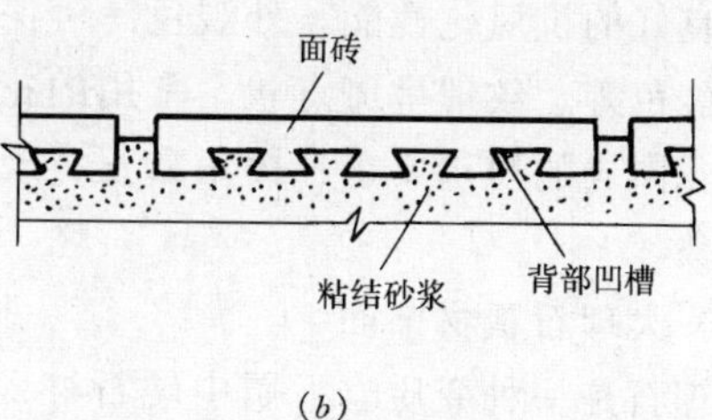

图 3-7　外墙面砖饰面构造

(a) 构造示意；(b) 粘结状况

基本构造是：

用水泥砂浆厚 12mm 抹底灰，粘结砂浆最好为加 108 胶的水泥砂浆，其重量比为水泥:砂:水:108 胶＝1:2.5:0.44:0.3，厚度 2～3mm。贴好后用清水将表面擦洗干净，白水泥擦缝。

(三) 陶瓷锦砖与玻璃马赛克

陶瓷锦砖和玻璃马赛克，质地坚实、耐久、耐酸、耐碱、耐火、耐磨、不渗水，广泛应用于民用与工业建筑中。玻璃马赛克相对于陶瓷锦砖色彩更为鲜艳，表面光滑，不易污染，耐久性更高，因此在室外基本取代了陶瓷锦砖。

基本构造：

15mm 厚 1:3 水泥砂浆打底，刷素水泥浆（加水泥重量 5％的 108 胶）一道粘贴，白色或彩色水泥浆擦缝。其做法见图 3-8。

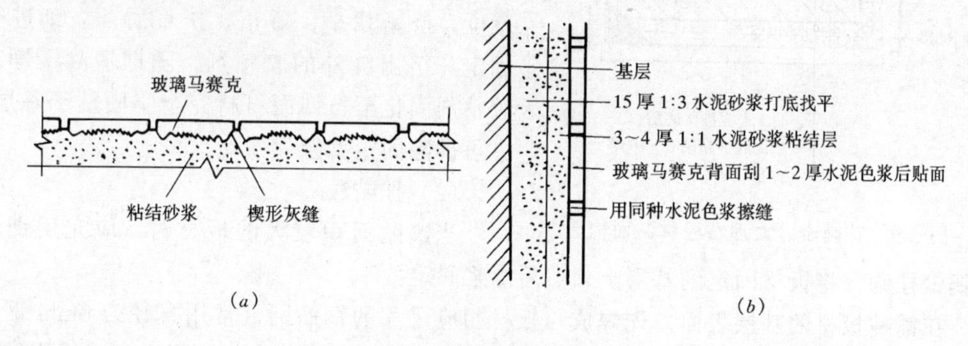

图 3-8　马赛克饰面构造

(a) 粘结状况；(b) 构造示意

(四) 天然石材

1. 饰面特点

天然石材质地密实坚硬，色泽雅致，耐久，耐磨性好。但受材料品种、来源的局限，造价较高，属高级装修。

2. 材料特性及要求

天然石材按其表面装饰效果及加工方法，分为剁斧板、机刨板、粗磨板和磨光板。常用的天然石材主要有花岗岩和大理石。

(1) 花岗岩板材饰面

花岗岩是火成岩中分布最广的岩石，属硬石材，由长石、石英和云母组成，结构密实，有良好的抗风化性能。外观色泽可保持百年以上。花岗岩有不同的色彩，如黑白、灰色、粉红色等。纹理呈斑点状。常用的花岗岩外观饰面有剁斧石、蘑菇石和磨光板三种。

对花岗岩的质量要求：棱角方正，规格符合设计要求，颜色一致，无裂纹、隐伤和缺角等现象。

(2) 大理石板材饰面

大理石是一种变质岩，属中硬石材，主要由方解石和白云石组成，质地实密，可锯成薄板，但表面硬度不大，化学稳定性和大气稳定性不太好，除少数几种质地较纯、杂质较少的汉白玉、艾叶青等，一般用于室内。大理石的颜色有灰色、绿色、红色、黑色等多种，还带有美丽的花纹。大理石板材一般用磨光板。

大理石的质量要求：光洁度高，石质细密，无磨蚀斑点，棱角齐全，底色整齐，色泽美观。

3. 基本构造

(1) 湿粘法

1) 聚酯砂浆固定法

先用胶砂比为1:(4.5~5)的聚酯砂浆固定板材四角并填满板材之间的缝隙，待聚酯砂浆固化后进行分层灌浆，每层高度不超过15cm，初凝后才能进行第二次灌浆。每次板的上口应留5cm余量作为上层板材灌浆的结合层，其构造做法见图3-9。

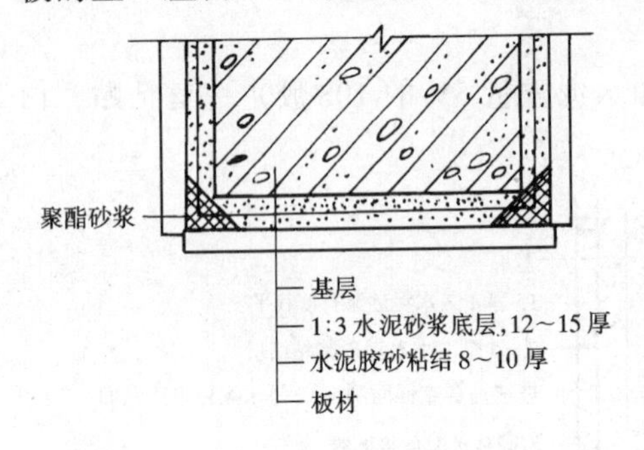

图3-9 花岗岩、大理石板材贴面构造

2) 树脂胶粘结法

先将胶凝剂涂在板背面相应的位置，特别是悬空板材必须饱满，然后将带胶粘剂的板材就位，挤紧找平，矫正、扶直后，立刻进行预固定。挤出缝外的胶粘剂，随即清除干净。待胶粘剂固化至与饰面石材完全牢固贴于基层后，方可拆除固定支架。

(2) 挂贴法

当镶贴面积较大的板材时，应先用钢丝或不锈钢挂钩，将板材固定到基层上，然后灌浆固定。

在铺贴板材的基层表面，先焊成与板材相应尺寸的钢筋网(常用直径为6mm钢筋)，钢筋网与基层预埋件或膨胀螺栓焊牢，将加工成型的石材绑扎在钢筋网上，或用不锈钢挂钩与基层的钢筋网套紧。墙面与石材之间距离一般为30~50mm，然后在墙面与石材的缝隙分层灌注1:2.5水泥砂浆，每层板上口留80~100mm余量作为上层板材的结合层。使上下连成整体。其构造做法如图3-10。

(3) 干挂法

在需要铺贴饰面石材的部位用电钻打孔，打入膨胀螺栓，然后用不锈钢锚固件与面板固定，或者用金属型材卡紧固定，最后进行勾缝和压缝处理。其构造做法见图3-11。

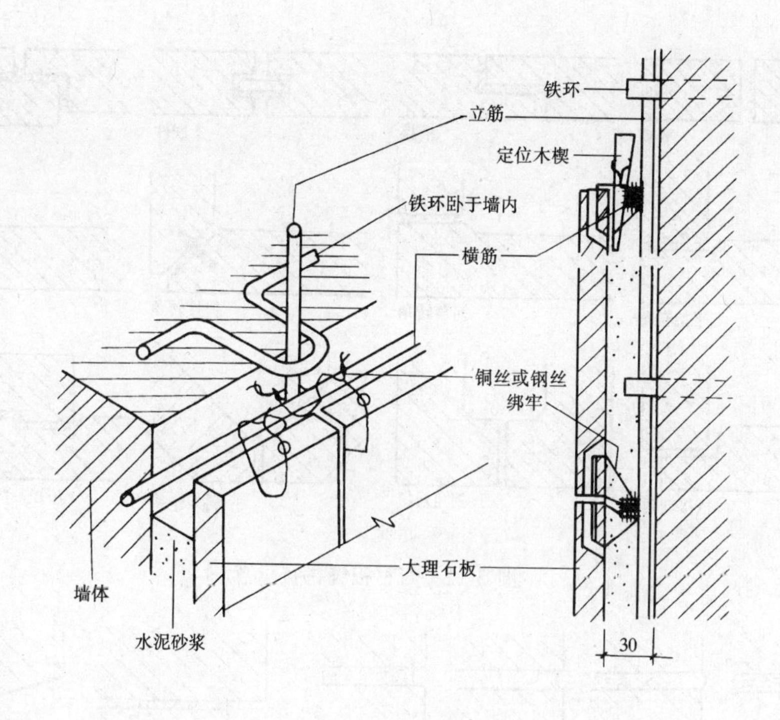

图 3-10　花岗岩、大理石挂贴构造

4．石材饰面的细部构造

（1）板缝的拼接

常见的拼接方式有平接、对接、搭接、L 形错缝搭接和 45°对接等，见图 3-12。

（2）灰缝的处理

较宽的灰缝可做成凸形、凹形或圆弧形等式样，常见的灰缝处理见图 3-13。

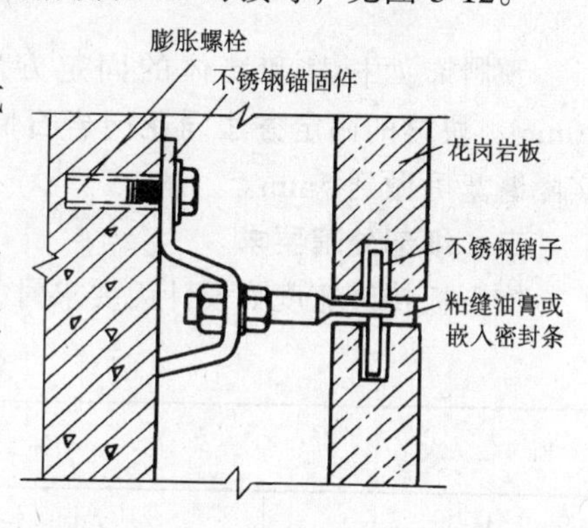

图 3-11　花岗岩、大理石干挂构造

（五）预制板块材饰面

常用的预制板块材料，主要有水磨石、水刷石、斩假石、人造大理石等。根据其厚度可分为厚型和薄型，薄型厚度 30～40mm，厚型厚度 40～130mm；长度一般 1m 左右；重量以两个人能搬动、安装为宜。

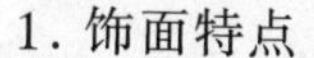

1．饰面特点

（1）工艺合理

现浇改为预制，可采用工业化方法生产，提高工效。

（2）质量好

预制板面积 1m×1m 左右，板内配筋，大大提高自身强度；与墙体连接灌浆处预留有钢筋与挂钩，使其与墙体的连接强度也大大加强。

（3）方便施工

预制板相对现浇，用工少，速度快，减少湿作业，改善劳动强度和劳动条件。

2．基本构造

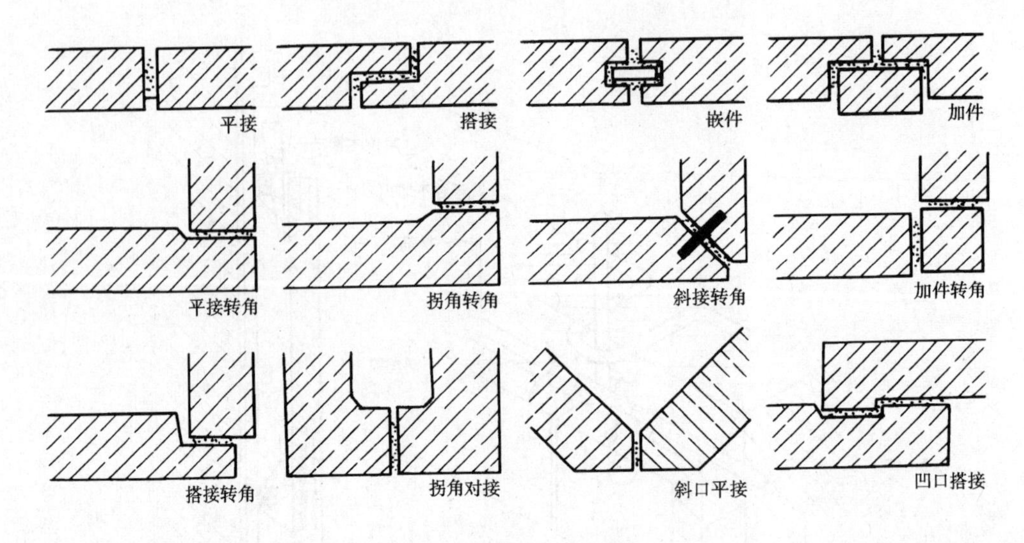

图 3-12 石材板缝拼接示意

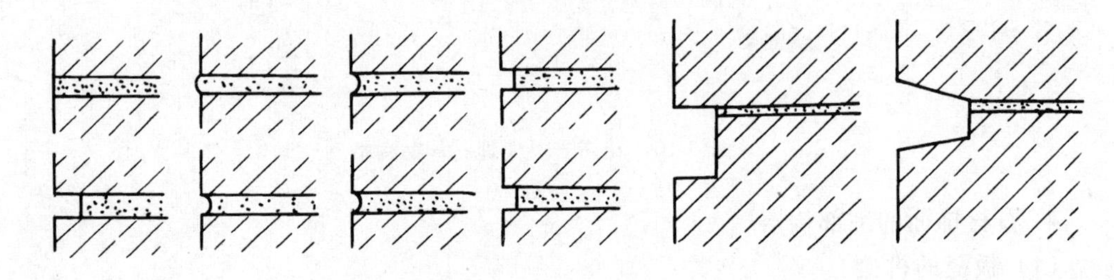

图 3-13 石材灰缝处理示意

预制饰面板材和墙体的固定方法，同大理石墙体，与墙之间的灌缝预留宽度为20mm；块材的固定方法同花岗岩石墙面，常采用干挂法。块材两个边缘一般做成凹线，实际缝宽可做到5mm。

三、细部处理要求

饰面板接缝宽度如设计无要求时，应符合表 3-1。

饰面板的接缝宽度 **表 3-1**

项次	名称		接缝宽度(mm)
1	天然石	光面、镜面	1
2		粗糙面、麻面、条纹面	5
3		天然面	10
4	人造石	水磨石	2
5		水刷石	10
6		大理石、花岗岩	1

第四节 涂刷类墙面

涂刷类饰面是在墙面已有的基层上，刮批腻子找平，然后涂刷选定的建筑涂料所形成的一种饰面。

一、饰面特点

(1) 涂刷类饰面具有工效高、工期短、材料用量少、自重轻、造价低等优点。耐久性略差，但维修、更新方便，且简单易行。

(2) 装修效果方面最大优点是：几乎可以配制成任何一种需要的颜色，这也是其他饰面材料所不能及的。目前，发展最快的是各种涂料。按施工厚度分厚质、薄质两类。薄质因其形成的涂层较薄，不能形成凹凸的质感，所以，涂料的装饰作用主要在于改变墙面色彩，如采用厚质涂料则既可改变颜色，也可改变质感。

二、涂刷类饰面的种类、要求及改进措施

根据饰面涂刷材料的性能和基本构造，可将涂刷类饰面分为油漆饰面、涂料饰面、刷浆饰面。

(一) 油漆饰面

油漆指以合成树脂或天然树脂为原料的涂料。其命名和分类方法很多，按使用对象分，有地板漆、门窗漆等；按效果分，有清漆、色漆等；按使用的方法分有喷漆、烘漆等；按漆膜外观分，有光漆、亚光漆和皱纹漆等。

油漆墙面耐水、易清洗，但涂层的耐光性差，有时对墙面基层要求较高，施工工序繁、工期长。需要显现墙体材料的质感时，使用清漆，否则使用调和漆，即将基料、填料、颜料及其他辅料调制成的漆，可将饰面做成各种色彩。

用油漆做墙面装饰时，要求基层平整，充分干燥，且无任何细小裂纹。一般构造做法是先在墙面上用水泥石灰砂浆打底，再用水泥、石灰膏、细黄砂粉面两层，总厚度20mm左右，最后刷清漆或调和漆。一般情况下，油漆均涂一底二度。

(二) 涂料饰面

建筑装饰涂料按化学组合可分为无机高分子涂料和有机高分子涂料。常用的有机高分子涂料有以下三类：

1. 溶剂型涂料

此类涂料产生的涂膜细腻坚韧，且耐水性、耐老化性能均较好，成膜温度可以低于零摄氏度，但价格昂贵，易燃、挥发的有机溶剂对人体有害。常用的溶剂型涂料有氯化橡胶涂料、丙烯酸酯涂料、丙烯酸聚氨酯涂料、环氧聚氨酯涂料等。

2. 乳液型涂料

常用的乳液型涂料有乳胶漆和乳液厚涂料两类。当填充料为细粉末，所得涂料可形成类似油漆漆膜的平滑涂层时，称为乳胶漆；而掺用类似云母粉、粗砂粒等填料所得的涂料，称为乳液厚涂料。其主要优点是以水为分散介质，无毒、施工操作方便，且耐久性较好，有一定的透气型和耐碱性；但施工时温度不能太低，一般为8℃以上，且耐暴晒性和耐水性不够理想，因此大量用于室内装修。近年来，由于采取了很多改进措施，性能大大改善，既用在室内也用在室外，成为应用最广泛的一种涂料。常用的内墙涂料有聚醋酸乙烯乳液涂料、乙烯乳液涂料、苯丙—环氧乳液涂料等；外墙涂料常用的有乙丙、纯丙、苯丙乳液涂料及丙烯酸性涂料等几种。

3. 水溶性涂料

水溶性涂料是以水溶性合成树脂为主要成膜物质，以水为稀释剂，加入适量颜料、填料及辅助材料，共同研磨而成的涂料，其特性类似乳液涂料，但其耐水性和耐污染性差，

若掺入有机高分子材料可改善这些性能。常用的主要有聚乙烯醇水玻璃内墙涂料和聚乙烯醇缩甲醛胶内墙涂料等。

无机高分子涂料是以无机材料为胶结剂，加入固化剂、颜料、填料及分散剂等经搅拌混合而成。大致可分为水泥系、碱金属硅酸盐系、胶态氧化硅系等几大类。相对于有机涂料，无机涂料形成的涂膜具有更好的长期耐水和耐候性。常用的有硅酸盐无机建筑涂料、硅溶胶无机建筑涂料等。

（三）刷浆饰面

1. 水泥浆饰面

（1）水泥避水色浆

又名“憎水水泥浆”，是在白水泥中掺入消石灰粉、石膏、氯化钙等无机物作为保水和促凝剂，另外还掺入硬酯酸钙作为疏水剂，以减少涂层的吸水性，延缓其被污染的过程，其重量比是：$325^{\#}$白水泥∶消石灰粉∶氯化钙∶石膏∶硬酯酸钙＝100∶20∶5∶（0.5～1.1）。根据需要可适当掺颜料，但大面积使用时，颜色不易做匀。水泥避水色浆强度比石灰浆高，但成分太多，量又很小，现场施工条件下不易掌握。硬酯酸钙如不充分搅匀，涂层疏水效果不明显，耐污染效果也不会显著改进，特别砖墙盐析较大，但比石灰浆要好。

（2）聚合物水泥浆

聚合物水泥浆主要成分为：水泥、高分子材料、分散剂、憎水剂和颜料。常用的两种配比见表 3-2。

聚合物水泥色浆配比　　表 3-2

<table>
<tr><th>白水泥</th><th>108 胶</th><th>乙一顺乳液</th><th>聚醋酸乙烯</th><th>六偏磷酸钠</th><th>木质素磺酸钠</th><th>甲基硅酸钠</th><th>颜料</th></tr>
<tr><td>100</td><td>20</td><td></td><td></td><td rowspan="2">0.1</td><td rowspan="2">(0.3)</td><td rowspan="2">60</td><td rowspan="2">适量</td></tr>
<tr><td>100</td><td></td><td>20～30</td><td>(20)</td></tr>
</table>

注：1. 乙一顺乳液可用聚醋酸乙烯代替（用量加括号）。

2. 六偏磷酸钠和木质素磺酸钠均为分散剂，两者只选用其一。

聚合物水泥浆较避水色浆强度高，耐久性好，施工方便，但其耐久性、耐污染性和装饰效果，都存在较大的局限性。大面积使用易出现色差，基层的盐析物，很容易析出在涂层表面而影响装饰效果，因此只适用一般等级工程的线脚及局部装修。

2. 大白浆饰面

以大白粉、胶结料为原料加水调和而成的涂料。其盖底能力较高，涂层外观较石灰浆细腻、洁白，且货源充足，价格较低，施工更新方便，故广泛用于室内墙面及顶棚。

大白浆可配成色浆使用。若加入 108 胶或聚醋酸乙烯乳液为（大白粉的 15%～20% 或 8%～10%）作为胶料，可提高粘结性能；一般在抹灰面上局部或满刮腻子后，喷刷两遍或三遍成活，具体视装饰效果等级要求而定。

3. 可赛银浆饰面

以硫酸钙、滑石粉为填料，以酪素为粘结料，掺入颜料混合而成的粉末状材料，又称酪素涂料。使用时，先用温水隔夜将粉末充分浸泡，使酪素充分溶解，然后调至施工稠度即可。与大白浆相比，质地更细腻，均匀性更好，色彩更易取得均匀一致的效果，耐碱性和耐磨性也较好，属中档内墙涂料。在已做好的墙面基层上刷两遍即可。

三、涂刷类饰面的基本构造

涂刷类饰面涂层构造，一般分三层，即底层、中间层、面层。

1. 底层

俗称底漆，主要是增加涂层和基层的粘附力，还兼具基层封闭剂的作用。

2. 中间层

是整个涂层构造的成型层，即通过适当工艺，形成具有一定厚度、匀实饱满的涂层。不仅是整个涂层耐久性、耐水性和强度的保证，还可对基层起到补强的作用。

3. 面层

面层是整个涂层色彩和光感的体现，为保证色彩均匀、光泽度好，并满足耐久性、耐磨性等方面的要求，最低限度应涂刷两遍。

第五节　裱糊类墙体饰面构造

一、饰面特点

裱糊类墙面是指用壁纸、墙布等材料，通过裱糊方式覆盖在墙体表面作为饰面层的构造方式。一般只用于室内，相对其他饰面其优点是：

(1) 装饰性强。壁纸、墙布色彩、纹理和图案丰富，品种众多，可形成绚丽多彩、新颖别致的装饰效果，属较高级饰面材料。

(2) 施工方便。壁纸、墙布可用普通胶粘剂粘贴，操作简便；可减少现场湿作业，缩短工期，提高工效。

(3) 多功能性。目前的壁纸、墙布还具有吸声、隔热、防菌、防霉、耐水等多种功能，实用性强。

(4) 维护保养方便。大多数壁纸、墙布都有一定的耐擦洗性和防污染性，易保持清洁；且更新方便。

(5) 抗变形性能好。大多数壁纸、墙布都具有一定弹性，允许墙体或抹灰层有一定程度的裂纹，特别对变形缝的处理有利。

二、材料的特性及选用

1. 壁纸

壁纸是室内墙体常用的一种装饰材料，它具有色彩丰富、图案装饰性强、易于擦洗等特点，同时更新也较容易。目前常用的主要有普通壁纸、塑料壁纸（PVC 壁纸）、复合纸质壁纸、纺织纤维壁纸、金属面壁纸、木质壁纸等。其主要性能特点见表 3-3。

壁纸的主要品种和特点　　**表 3-3**

类别	品种	说明	特点	用途
壁纸类	普通壁纸	纸面纸基壁纸，有大理石、各种木纹及其他印花等图案	价格低廉，但性能较差，不耐水，不能擦洗	一般住宅内墙和旧墙翻新或老式平房墙面装饰

续表

类别	品 种	说明	特点	用途
壁纸类	塑料壁纸（PVC壁纸）	以纸为基层、聚氯乙烯塑料薄膜为面层，经复合、印花、压花等工序而制成。有普通型、发泡型、特种型等数个品种	(1) 具有一定的伸缩性和耐裂强度 (2) 花色图案丰富，且有凹凸花纹，富有质感及艺术感，装饰效果好 (3) 强度好，抗拉抗拽。施工简单，易于粘贴，易于更换	适合于各种建筑的内墙、顶棚、梁柱等贴面装饰
	复合纸质壁纸	用双层纸（表纸和底纸）通过施胶、层压复合到一起后，再经印刷、压花、涂布等工艺印制而成	(1) 色彩丰富、层次清晰、花纹深、花型持久，图案具有强烈的立体浮雕效果 (2) 造价低，施工方便，可直接对花 (3) 无塑料异味，火灾中发烟低，不产生有毒气体 (4) 表面涂敷透明涂层，耐洗性达"耐洗级"	适用于一般饭店、民用住宅等建筑的内墙、顶棚、梁柱等贴面装饰
	纺织纤维壁纸	由棉、毛、麻、丝等天然纤维及化纤制成的粗细纱或织物，再与基层纸贴合而成。用扁草竹丝或麻条与棉线交织后同纸基贴合制成的植物纤维壁纸与此类似	(1) 无毒、吸音、透气，有一定的调湿、防毒功效 (2) 视觉效果好。特别是天然纤维以它丰富的质感产生诱人的装饰效果，有贴近自然之感 (3) 防污及可洗性能较差，保养要求高 (4) 易受机械损伤	是近年来国际流行的新型高级墙面装饰材料，使用于会议室、接待室、剧院、饭店、酒吧、及商店的橱窗等
	金属面壁纸	以铝箔为面，纸为底层，面层也可印花、压花	(1) 表面具有不锈钢、黄铜等金属质感与光泽 (2) 寿命长、不老化、耐擦洗、耐污染	适用于高级室内装饰
	木面壁纸	以薄的软性木面为面层，可弯曲贴于圆柱面上	形成真实的木质墙面，不会老化，也可涂清漆保护	用于仿木建筑装饰

2．玻璃纤维墙布和无纺墙布饰面

玻璃纤维墙布，是以玻璃纤维作为基材，表面涂布树脂，经染色、印花等工艺制成的墙布。这样的材料强度大，韧性好，耐水、耐火，可用水擦洗，价格相对低廉，又是非燃烧体，本身有布纹质，经套色印花后有较好的装饰效果，适用于室内饰面。但其盖底能力差，当基层颜色不匀时，容易在裱糊面上显现出来；涂层一旦磨损破碎时，又可能散落少量玻璃纤维，因此应注意保养。

无纺墙布采用棉、麻等天然纤维或涤纶、腈纶等合成纤维，经过无纺成型，上树脂、印花制彩色花纹而成的一种高级饰面材料。无纺墙布挺括、光洁、表面色彩鲜艳，有羊毛感，又具一定的透气性和防潮性，且有弹性，不易折断，可擦洗，不褪色，对皮肤无刺激作用。因此广泛用于各种建筑室内墙面装饰。其中涤纶棉无纺墙布尤其适用于宾馆客房和高级住宅室内装饰。

3．丝绒和锦缎饰面

丝绒和锦缎是一种高级墙面装饰材料，其特点是绚丽多彩，质感温暖，典雅精致，色泽自然逼真，属于较高级的饰面材料，仅用于室内高级装修。但其材料较柔软、易变形、不耐脏，在潮湿环境中易霉变。

4. 皮革与人造革饰面

皮革与人造革是一种较高档的装饰面料，其格调高雅，触感柔软、温暖、耐磨，并有消震特性。多用于健身房、练功房、幼儿园等防碰撞的房间以及酒吧间、餐厅等，也可用于电话间、录音室等对音质要求较高的房间。

三、基本构造

1. 纸基壁纸的裱糊

(1) 基层处理。壁纸可直接粘贴在墙体抹灰层上，常用的粘结剂为108胶。粘贴前先清扫墙面，满刮腻子，用砂纸打磨光滑。

(2) 壁纸的预处理。裱糊前将壁纸在水中浸泡2～3min，进行闷水处理，取出后抖出多余水分，静置15min，即可刷胶裱糊。这样纸能充分胀开，粘贴后因收缩而绷紧。

复合壁纸因耐水能力较差，裱糊时应严禁闷水。

(3) 裱贴壁纸，拼缝修饰。裱贴原则：先垂直面，后水平面；先细部，后大面；先保证垂直，后对花拼缝；垂直面先上后下，先长墙后短墙；水平面先高后低。采用108胶粘贴壁纸应保持纸面平整，根据其位置，选用合适的拼缝形式。如选用不干胶壁纸，可直接裱贴在墙体基层或家具表面。具体做法见图3-14。

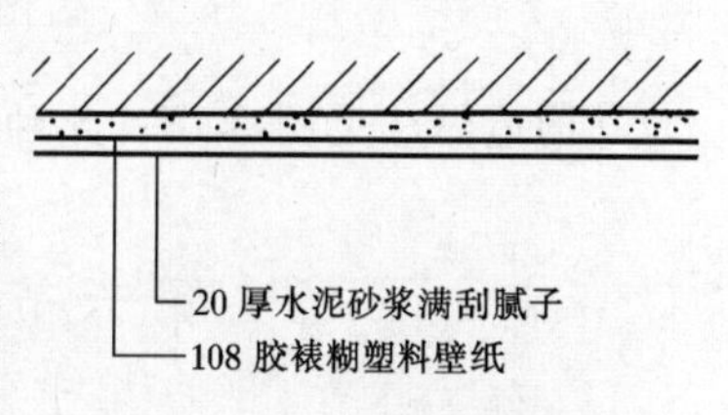

图3-14 壁纸粘贴构造

2. 玻璃纤维墙布和无纺墙布裱贴

基本构造大体与壁纸相同，但应注意以下几点：

(1) 玻璃纤维墙布和无纺墙布不需闷水处理；

(2) 粘结剂为醋酸乙烯乳液；

(3) 其盖底力稍差，基层有色差应预先处理；

(4) 背面不能刷胶，将胶刷在基层上，否则易出现胶痕，影响美观。

3. 丝绒和锦锻

其构造做法见图3-15。

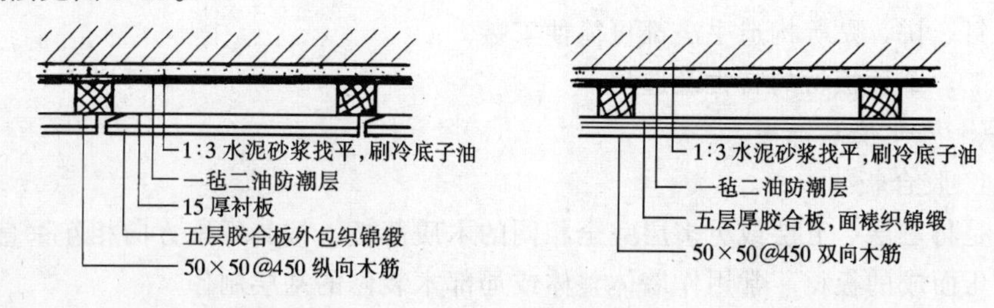

图3-15 丝绒和锦锻的裱糊构造

4. 皮革与人造革饰面

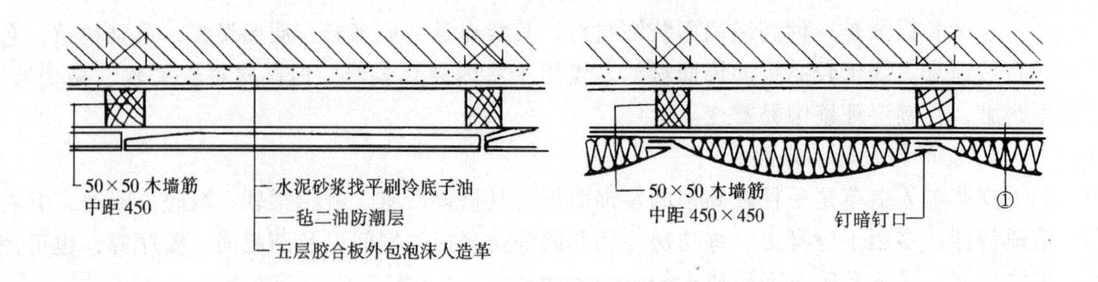

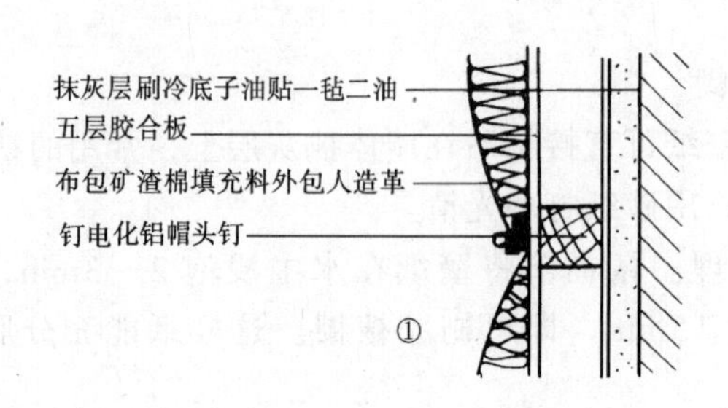

图 3-16 人造革、皮革墙面构造

其构造做法见图 3-16，此种做法又称软包。

第六节 罩面板类墙体饰面构造

罩面板类饰面主要指用木质、金属、玻璃、塑料、石膏等材料制成的板材作为墙体饰面材料。因其材料种类、使用部位的不同，其构造方式也有一定的区别。

一、饰面特点

1. 装饰效果丰富

不同的罩面板，因材料自身的质感不同，可满足墙面不同的视觉效果。如木材的质朴、高雅；金属的精巧、别致、华贵等。

2. 耐久性好

因罩面材料耐久性良好，若技术得当，构造合理，饰面必然具有良好的耐久性。

3. 施工安装方便

虽然此类饰面，技术要求更高，工序繁杂，但施工现场湿作业量少，各类饰面通过镶、钉、拼、贴等构造手法都可简便安装。

二、罩面板材的特性及选用

(一) 木质装饰板

1. 胶合板

是将三层、五层或更多层完全相同的木质薄板，按其纤维方向相互垂直的各层用胶粘剂粘压而成的板材。常用作墙体整体或局部木装修的基层制作。

2. 纤维板

用木纤维加工成一面光滑、一面有网纹的薄板，按其表现密度分为硬质纤维板、中密度纤维板（即中密度板）和软质纤维板。其中以中密度板应用最广。

3. 细木工板

细木工板属于特种胶合板，芯板用木板拼接而成，两个表面为胶粘木质单板，多用作基层板。

4. 刨花板

利用木材加工刨下的废料，经加工压制而成的板材。

5. 木丝板

利用木材加工锯下的碎丝加工而成的板材。具有良好的吸音、保温和隔热性能。

6. 微薄木

采用柚木、橡木、榉木、胡桃木、花梨木、枫木、雀眼木、水曲柳等树材经精密刨切成厚度仅为0.2～0.5mm的微薄木，具有纹理细腻、真实、立体感强、色泽美观的特点。常用以上几种板材为基层，用先进的胶粘工艺和胶粘剂，制成微薄木贴面。广泛用于高级装饰的内墙及门、窗、家具的装饰。

7. 实木

即天然木材，将天然原木加工成截面宽度为厚度3倍以上的型材者，为实木板，多用作墙面高级装修的饰面板；不足3倍者为方木，多用作龙骨。

（二）金属类装饰板

1. 钢材及制品

常用的建筑装饰钢材有不锈钢的镜面板、亚光板、浮雕板、钛金板、彩色涂层钢板等。这类材料具有良好的耐腐蚀性和良好的机械性能，且耐磨易弯曲加工。

2. 铝合金装饰板

铝合金扣板、铝塑板（即复合铝板）、美曲面装饰板和蜂窝铝板等均为铝合金制品。其强度较高、焊接方便、价格较不锈钢便宜、操作方便、装饰效果好，因而被广泛使用。

（三）玻璃饰面板

罩面用的玻璃有各种平板玻璃、磨砂玻璃、彩绘玻璃、蚀刻玻璃、镜面玻璃、微晶玻璃等。

磨砂玻璃、蚀刻玻璃能有效阻断视线，又不影响采光；镜面玻璃具有明显的镜面效果和单向透视性（即视线只能从镀层一侧观向另一侧），因而能使视觉延伸并扩大空间；彩绘玻璃多用于室内墙面，可使空间有富丽堂皇之感；微晶玻璃是最新型的饰面玻璃，质地细腻，不风化，不吸水，并可制成曲面，外观可与玛瑙、玉石和鸡血石等名贵石材相似，施工方法与天然石材的粘贴法相同，但其物理性能优于大理石和花岗岩。玻璃饰面容易破碎，故不设在墙、柱面较低的部位，当用于墙裙、花台、水池等部位时应加以保护。

（四）其他罩面材料

1. 塑料护墙板

塑料护墙板主要指PVC、GRP波形板、挤压异形板和格子板等，可广泛用于室内外墙面，具有自重轻、易清洁、色彩绚丽、易加工成型、无需保养等特点。用于室内墙面的塑料，应具有低燃烧性能；用于室外墙面的塑料，应具有好的抗老化性。

2．石膏装饰板

石膏装饰板是以石膏为基料，附加少量增强纤维、胶粘剂制成的。主要有纸面石膏板、纤维石膏板和空心石膏板三种。具有可钉、可锯、可钻等加工性能，并有防火、隔声、质轻、不受虫蛀等优点，表面可油漆、喷刷各种涂料及裱糊壁纸和织物，但强度稍低、防潮、防水性能较差。

3．装饰吸音板

常用的装饰吸音板主要有：石膏纤维装饰吸音板、软质纤维装饰吸音板、硬质纤维装饰吸音板、矿棉装饰吸音板、玻璃棉装饰吸音板、膨胀珍珠岩装饰吸音板和聚苯乙烯泡沫塑料装饰吸音板等。都具有良好的吸音效果，且有质轻、防火、保温、隔热等特性，可直接贴在墙面或钉在龙骨上，施工方便。多用于室内墙面。

4．玻纤水泥板

玻璃纤维水泥板具有防水、防潮、防火等优点，且耐久性好，价格便宜，广泛用于地下室或有防水、防潮要求的室内墙面。其他玻璃纤维水泥制品，如柱头、柱础、窗楣、浮雕等各类小型装饰配件在装饰上应用也日益广泛。

三、基本构造

1．木质罩面板饰面构造

木质罩面板饰面作为一种高级室内装饰，常用于人们易接触的部位，一般高度为1.0～1.8m或一直到顶。一般构造方法是：

（1）预埋防腐木砖，固定木骨架

在墙内预埋防腐木砖或木楔，否则利用冲击钻打孔，置入锥形木楔（或尼龙胀管），以便固定木龙骨。木骨架中距一般为400～600mm（视面板规格而定），木筋断面为（40～50）mm×（20～45）mm。

（2）骨架层处理

为防止面板因潮气变形，应先做防潮处理，即刷热沥青或铺油毡防潮层，必要时在木护壁板上、下留透气孔，或利用预埋木砖出挑。其构造做法见图3-17。

（3）固定面板

将罩面板用射钉枪或胶粘剂固定在木骨架上。

（4）细部构造处理

1）板材间的拼缝见图3-18；

2）上口及压顶处理见图3-19；

3）阴阳角的构造处理见图3-20。

近年来，还出现了组装式木墙面板，板与板之间有特殊连接构造，无须钉粘，只需上下加压条即可，施工更为方便。

2．金属饰面板构造

金属饰面板根据饰面情况表面可做成平面、波形、卷边或凹凸条纹，也可用铝板网作吸声墙面。其构造做法与木质罩面板大致相同，但具体固定方法和材料有一定的区别。一般构造做法是：

（1）骨架的布置与固定

在墙上用预埋筋或膨胀螺栓先做横、纵金属龙骨，构成骨架。

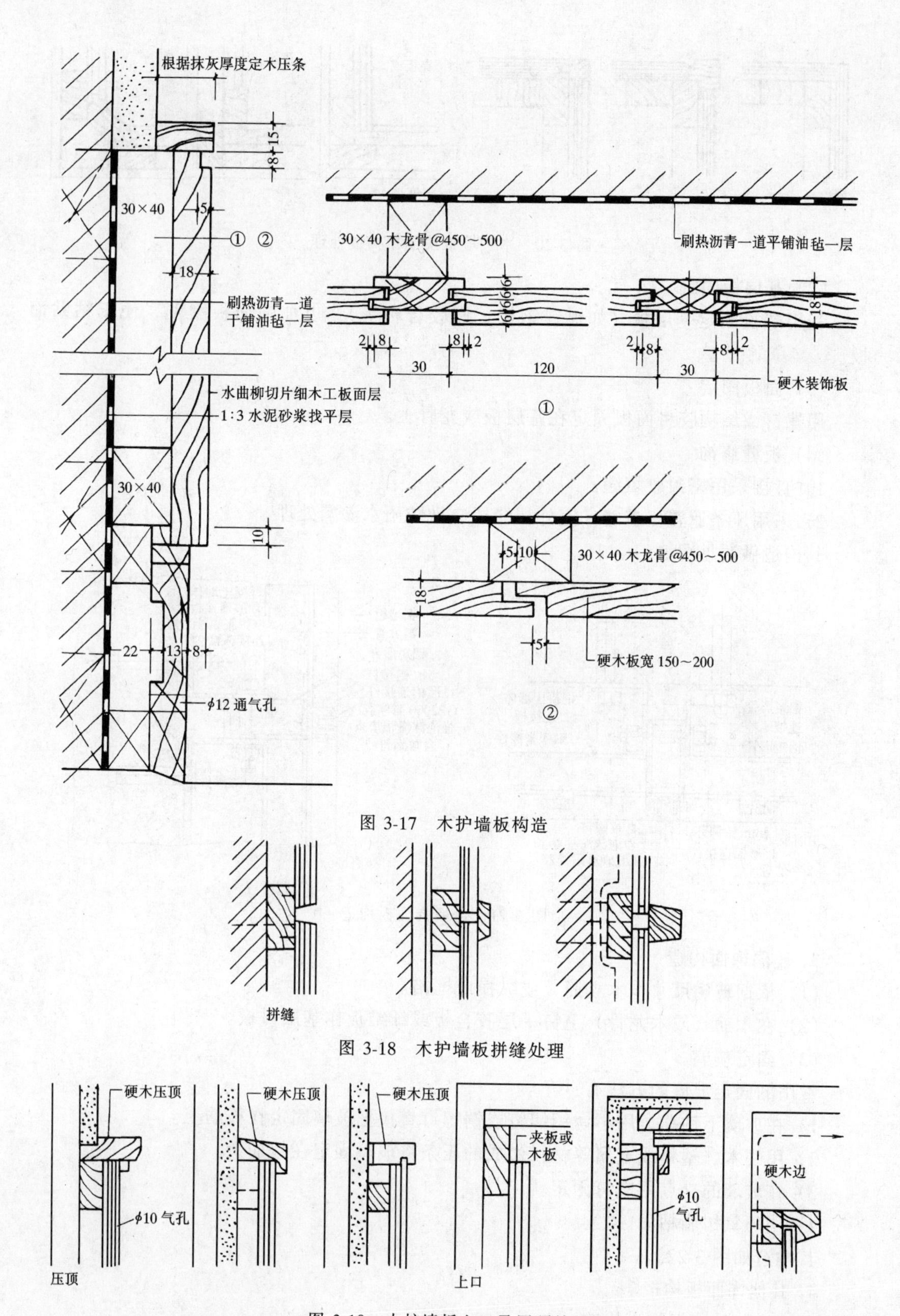

图 3-17　木护墙板构造

图 3-18　木护墙板拼缝处理

图 3-19　木护墙板上口及压顶处理

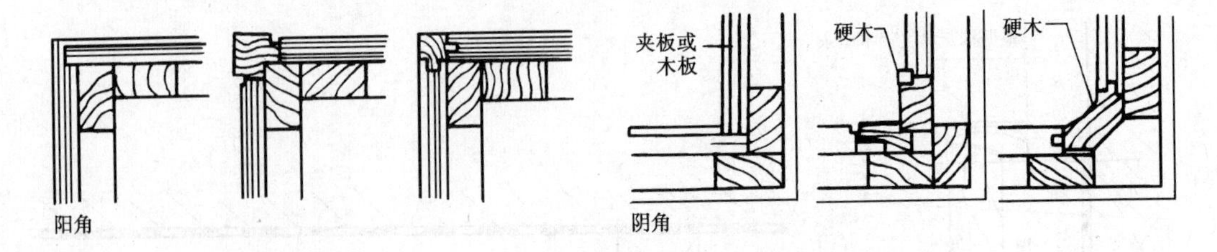

图 3-20　木护墙板阴阳角构造处理

(2) 基层板固定

利用螺栓固定基层板（如镀锌钢板、厚胶合板等），以加强面板刚度，便于粘贴面板。

(3) 面板固定

用螺钉或结构胶将面板固定在基层板或龙骨上。

(4) 板缝修饰

1) 直接采用密封胶填缝。

2) 采用压条遮盖板盖缝。室外板缝还应做防雨水渗漏处理。

其构造做法见图 3-21。

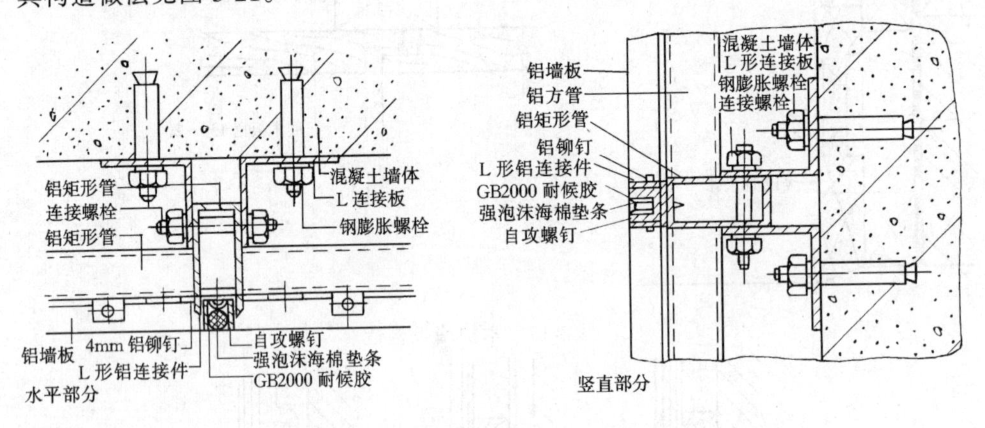

图 3-21　金属饰面板构造

3. 玻璃饰面构造

(1) 依据玻璃尺寸作木立筋，或纵横成框格。

(2) 在木筋（或木龙骨）上钉一层胶合板或纤维板作基层衬板。

(3) 固定玻璃。

常用的固定玻璃的方法有：

1) 在玻璃上钻孔，用不锈钢螺钉或铜螺钉直接把玻璃固定在板筋上。

2) 用硬木、塑料或金属等材料做成的压条将玻璃固定在板筋上。

3) 在玻璃的交点用嵌钉固定。

4) 用环氧树脂粘固。

其构造如图 3-22。

4. 其他饰面板构造

(1) 塑料护墙板饰面构造

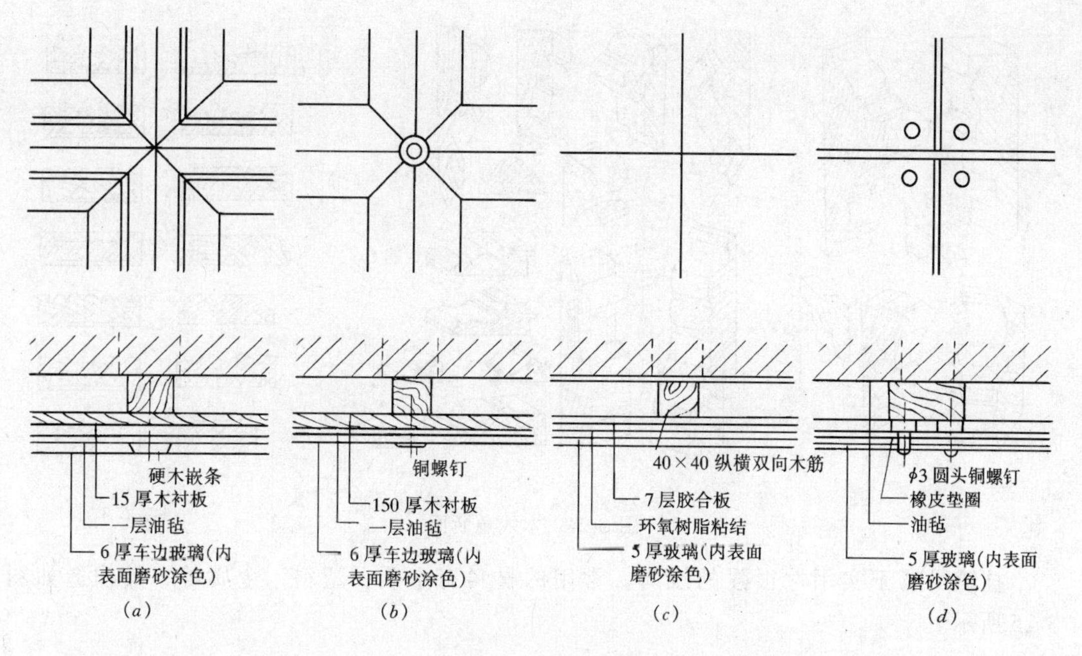

图 3-22　玻璃饰面构造

先在墙体上固定搁栅，然后用卡子或与板材配套的专用连接件将护墙板固定在搁栅上即可。

(2) 石膏饰面板构造

先在墙体上做防潮处理，然后铺设龙骨，将石膏饰面板钉在龙骨上即可。

(3) 装饰吸音板构造

直接贴在墙上或钉在龙骨上，多用于室内墙面。

(4) 玻纤水泥板构造

直接贴在墙上或用专用连接件固定在墙(或柱子)的铆固件上。如图 3-23 所示。

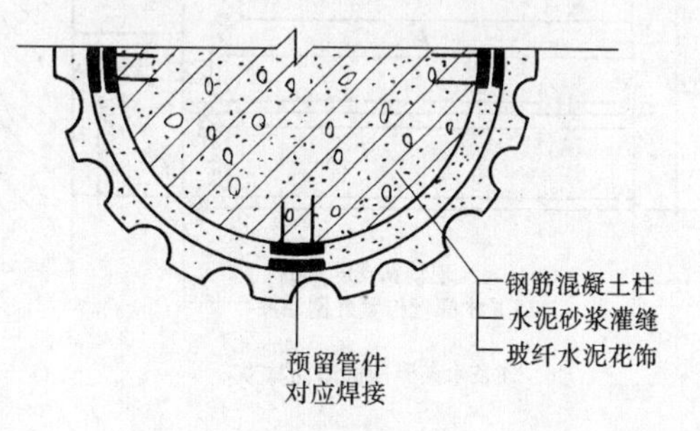

图 3-23　玻纤水泥饰面构造

第七节　墙面装饰细部构造

一、线脚

1. 抹灰线

抹灰线的式样很多，有简有繁，形状有大有小，可分为简单线脚、多线条线脚等。现代意义的抹灰线脚多被石膏线脚替代。

2. 木线脚

木线脚常用的有阴、阳角线脚（含檐板线脚），使用则根据室内装饰的要求不同而简繁不一，常用木线脚的断面如图 3-24 所示。

3. 挂镜线

图 3-24　木线角断面

挂镜线属于实用性很强的线脚。常用的材料有木质、塑料、金属等，其构造如图 3-25 所示。

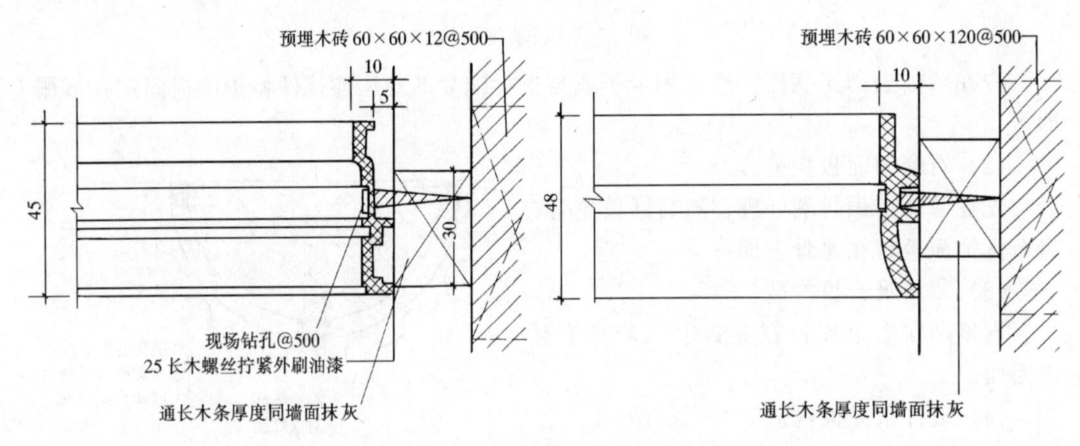

图 3-25　挂镜线构造

二、窗帘盒

窗帘盒主要用来吊挂窗帘，并对导轨等构件起遮挡作用。长度以窗帘拉开后不影响采光面积为准，一般为：洞口宽度 400mm 左右（每侧 200mm 左右），出挑深度与所选用窗帘材料的厚薄及层数有关，一般为 120～200mm。

窗帘盒内吊挂窗帘的构造有三类：

(1) 软线式。采用 14# 铅丝等软线吊挂窗帘，但易出现下垂，可在端部设元宝螺帽加以调节。多用于吊挂较轻质窗帘或跨度在 1.2m 以内的窗口。

(2) 棍式。采用直径为 10mm 的钢筋、铜棍、铝合金棍等吊挂窗帘。具有较好的刚性，适应于 1.5～1.8m 宽的窗口。跨度增加时，增加中间支点。

(3) 轨道式。采用钢或铝制成的小型轨道，轨道上安装有小轮来吊挂和移动窗帘，适用于跨度较大或重型窗帘。

窗帘盒的构造如图 3-26。

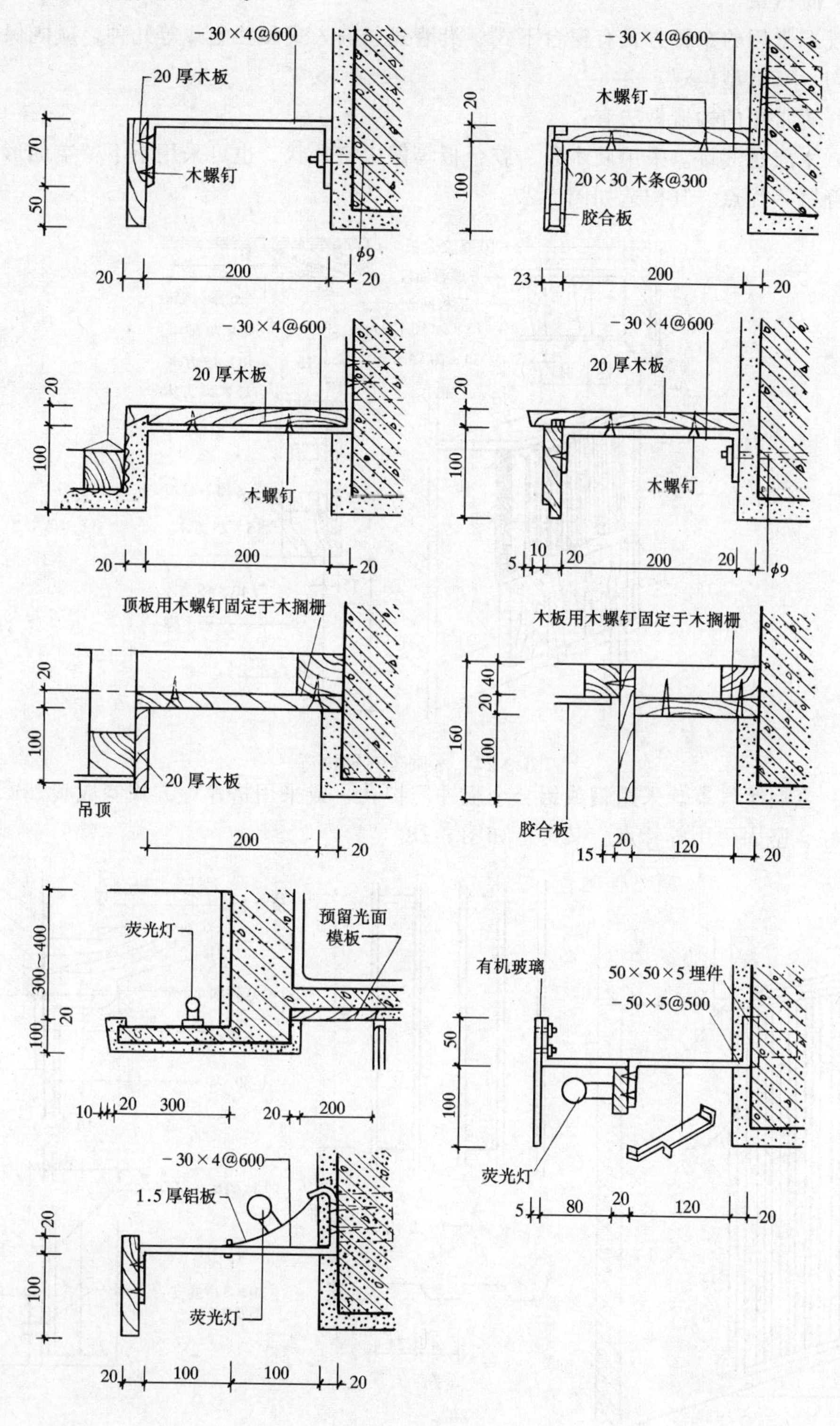

图 3-26 窗帘盒构造图

三、暖气罩

暖气罩常用的布置方式有窗台下式、沿墙式、嵌入式和独立式等几种，应既保证室内散热均匀，又造型美观。

暖气罩常用的构造做法有：

（1）木质暖气罩。采用硬木条、胶合板等做成格片状，也可采用上下留空的形式。具有触感舒服等优点。其构造如图 3-27。

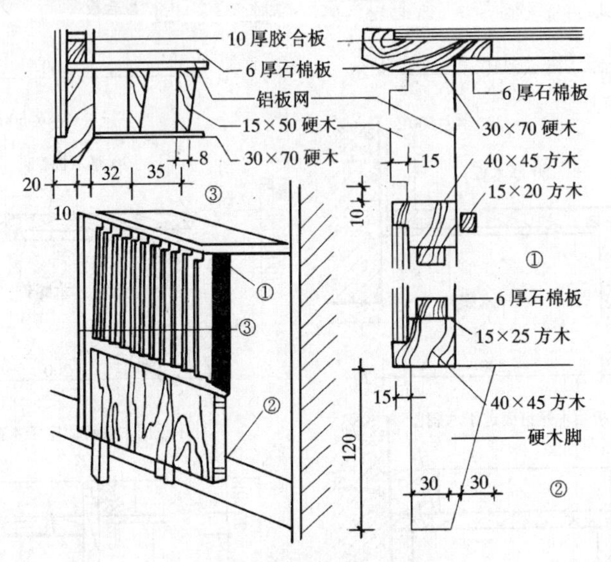

图 3-27 木质暖气罩构造

（2）金属暖气罩。采用钢或铝合金板冲压扩孔，或采用格片等方式制成暖气罩。具有性能良好、坚固耐用等特点。其构造如图 3-28。

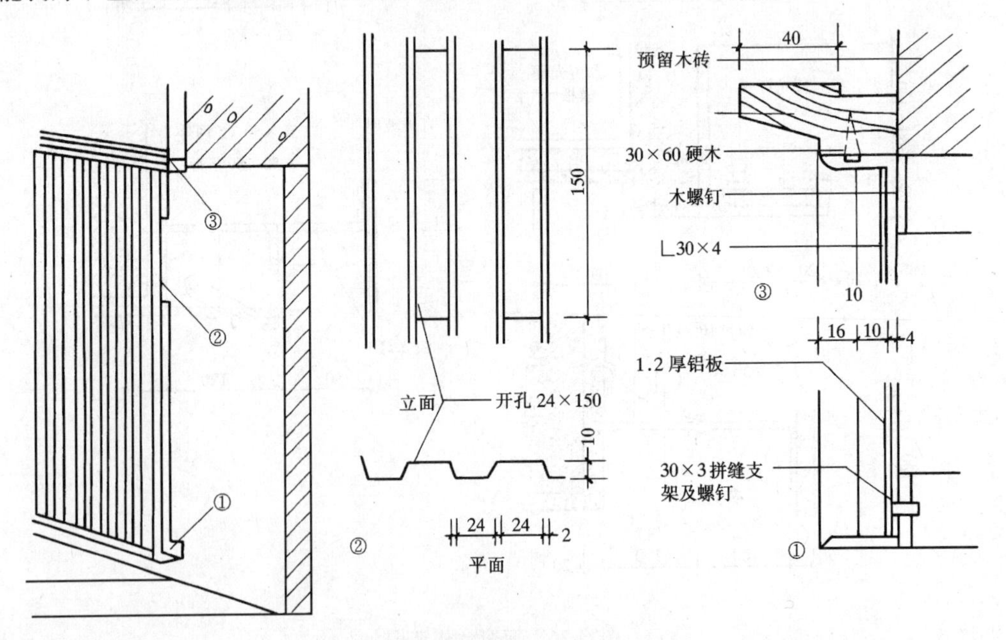

图 3-28 金属暖气罩构造

四、门、窗套

一般做法用预埋木砖或打入锥形木楔，附设龙骨，做基层板、面板及压条。其构造如图 3-29。更为简洁的做法则是将九厘板或细木工板钉在墙上，表面贴门、窗套线即可。

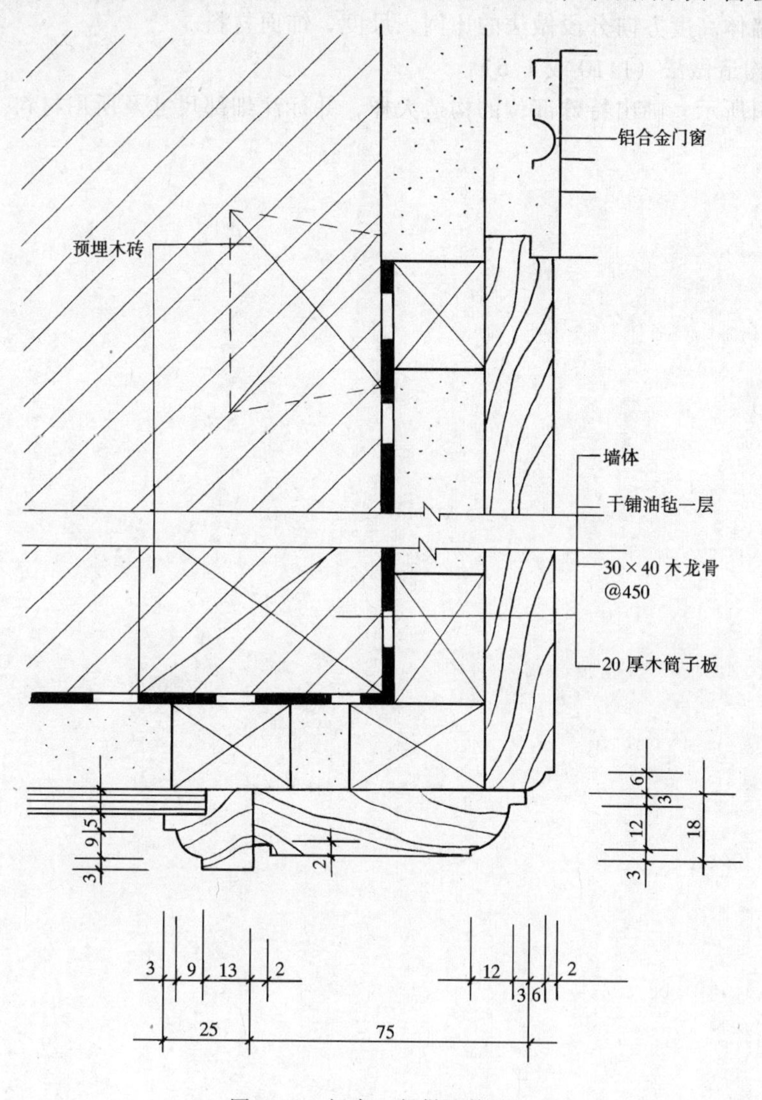

图 3-29　门套一般做法构造

思考题与习题

3-1　墙体饰面一般分为几层？作用是什么？

3-2　简述水刷石饰面构造。

3-3　天然石材墙体有几种构造方式？试画图说明。

3-4　常用的涂料饰面有哪些？各有什么特点？

3-5　列表说明常用壁纸的种类和特点。

3-6　画图说明木护墙板的构造方式。

3-7　根据思考题与习题 2-10 所提供的平面图设计并画出其立面图或立面展开图，特殊构造做法，要求如下：

1. 立面图或立面展开图（1:50）

（1）标明轴线编号、标高、门窗洞口及立面造型的定型及定位尺寸。

（2）沿墙体高度方向分段做法的比例、尺度、饰面材料。

2. 细部构造做法（1:10 或 1:5）

根据索引所示，画出特殊部位的构造大样，并标注细部尺寸及所用材料。

第四章　顶棚装饰构造

顶棚是指建筑物屋顶和楼层下表面的装饰构件，俗称天花板。当悬挂在承重结构下表面时，又称吊顶。顶棚是室内空间的顶界面，是建筑装饰工程的重要组成部分。顶棚的构造设计与选择应从建筑功能、建筑声学、建筑照明、建筑热工、设备安装、管线敷设、维护检修、防火安全以及美观要求等多方面综合考虑。

第一节　概　　述

一、顶棚的作用

1. 改善室内环境，满足使用要求

顶棚的处理首先要考虑室内使用功能对建筑技术的要求。照明、通风、保温、隔热、吸声或反射、音响、防火等技术性能，直接影响室内的环境与使用。如剧场的顶棚，要综合考虑光学、声学两个方面的设计问题。在表演区，多采用综合照明，面光、耳光、追光、顶光甚至脚光一并采用；观众厅的顶棚则应以声学为主，结合光学的要求，做成多种形式的造型，以满足声音反射、漫射、吸收和混响等方面的需要。

2. 装饰室内空间

顶棚是室内装饰的一个重要组成部分，除满足使用要求外，还要考虑室内的装饰效果、艺术风格的要求。即从空间造型、光影、材质等方面，来渲染环境，烘托气氛。

不同功能的建筑和建筑空间对顶棚装饰的要求不一样，装饰构造的处理手法也有区别。顶棚选用不同的处理方法，可以取得不同的空间感觉。有的可以延伸和扩大空间感，对人的视觉起导向作用；有的可使人感到亲切、温暖、舒适，以满足人们生理和心理对环境的需要。如建筑物的大厅、门厅，是建筑物的出入口、人流进出的集散场所，它们的装饰效果往往极大地影响人的视觉对该建筑物及其空间的第一印象。所以，入口常常是重点装饰的部位。它们的顶棚，在造型上多运用高低错落的手法，以求得富有生机的变化；在材料选择上，多选用一些不同色彩、不同纹理和富于质感的材料；在灯具选择上，多选用高雅、华丽的吊灯，以增加豪华气氛。

二、顶棚的分类

顶棚根据不同的功能要求可采用不同的类型，顶棚可以从不同的角度来进行分类。

(1) 按其外观分类，有平滑式顶棚、井格式顶棚、分层式顶棚等。

(2) 按其施工方式分类，有抹灰式顶棚、裱糊式顶棚、贴面式顶棚、装配式板材顶棚等。

(3) 按其饰面与结构位置关系的不同分类，有直接式顶棚、悬吊式顶棚。

(4) 按其饰面材料的不同分类，有木质顶棚、石膏板顶棚、各种金属顶棚、玻璃顶棚等。

(5) 按其显露状况的不同分类，有开敞式顶棚、隐蔽式顶棚等。

(6) 按其承受荷载能力的不同分类，有上人顶棚、不上人顶棚等。

(7) 按其饰面材料与龙骨的关系不同分类，有活动装配式顶棚、固定式顶棚等。

此外，还有结构顶棚、发光顶棚、软体顶棚等。

本章主要从顶棚装修表面与结构位置关系的不同进行分类，具体介绍直接式顶棚和悬吊式顶棚构造。

第二节　直接式顶棚的基本构造

直接式顶棚就是在屋面板、楼板等的底面，进行喷浆、抹灰或粘贴壁纸、面砖等饰面材料，或铺设固定搁栅所做成的顶棚。这一类顶棚构造的关键是如何保证饰面与基层粘贴牢固。

一、饰面特点

直接式顶棚一般具有构造简单，构造层厚度小，可以充分利用空间的特点。采用适当的处理手法，可获得多种装饰效果。材料用量少，施工方便，造价也较低，但这类顶棚没有供隐藏管线等设备、设施的内部空间，故小口径的管线应预埋在楼、屋盖结构及其构造层内，大口径的管道，则无法隐蔽。它适用于普通建筑及室内建筑高度空间受到限制的场所。

二、材料选用

直接式顶棚的饰面材料可选用表 4-1 中的材料。此外，还有石膏线条、木线条、金属线条等。

直接式顶棚的饰面材料及适用范围　　　　**表 4-1**

类　型	材　料　名　称	适　用　范　围
抹灰类	纸筋灰抹灰、石灰砂浆抹灰、水泥砂浆抹灰	一般建筑或简易建筑、甩毛等特种抹灰用于声学要求较高的建筑
喷刷类	石灰浆、大白浆、色粉浆、彩色水泥浆、可赛银	一般建筑如办公室、宿舍等
糊裱类	墙纸、墙布、织物	装饰要求较高的建筑，如宾馆的客房、住宅的卧室等
块材类	釉面砖、瓷砖	有防潮、防腐、防霉或清洁要求较高的建筑，如浴室、洁净车间等
板材料	胶合板、石膏板	装饰要求较高且较干燥的房间

三、基本构造

(一) 抹灰、喷刷、糊裱类直接式顶棚

1. 基层处理

基层处理的目的是为了保证饰面的平整和增加抹灰层与基层的粘结力。具体做法是：先在顶棚的基层上刷一遍纯水泥浆，然后用混合砂浆打底找平。要求较高的房间，可在底板增设一层钢板网，在钢板网上再做抹灰，这种做法强度高、结合牢、不易开裂脱落。

2. 中间层、面层的做法与墙面装饰类同

（二）直接式装饰板顶棚

这类顶棚与悬吊式顶棚的区别是不使用吊挂件，直接在楼板底面铺设固定搁栅。

1. 铺设固定龙骨

直接式装饰板顶棚多采用方木作龙骨，间距根据面板规格确定，固定方法一般采用胀管螺栓或射钉。轻型顶棚也可采用冲击钻打孔，埋设锥形木楔的方法固定。

2. 铺钉装饰面板

胶合板、石膏板等板材均可直接与木龙骨钉接，见图 4-1。

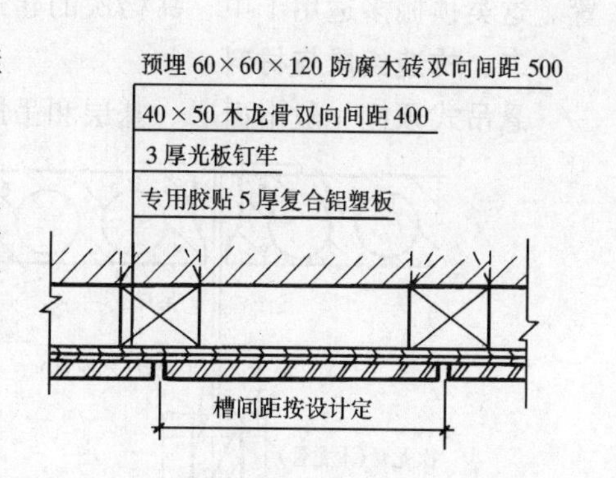

图 4-1　直接式装饰板顶棚

3. 板面修饰

参见悬吊式顶棚相应部分处理措施。

（三）结构顶棚装饰构造

将屋盖或楼盖结构暴露在外，利用结构本身的韵律作装饰称为结构顶棚，例如：网架和拱结构。结构顶棚的装饰重点就是将照明、通风、防火、吸声等设备，与结构形式和谐统一，形成优美空间，如体育及展览厅等大型公共建筑。图 4-2 为结构顶棚。

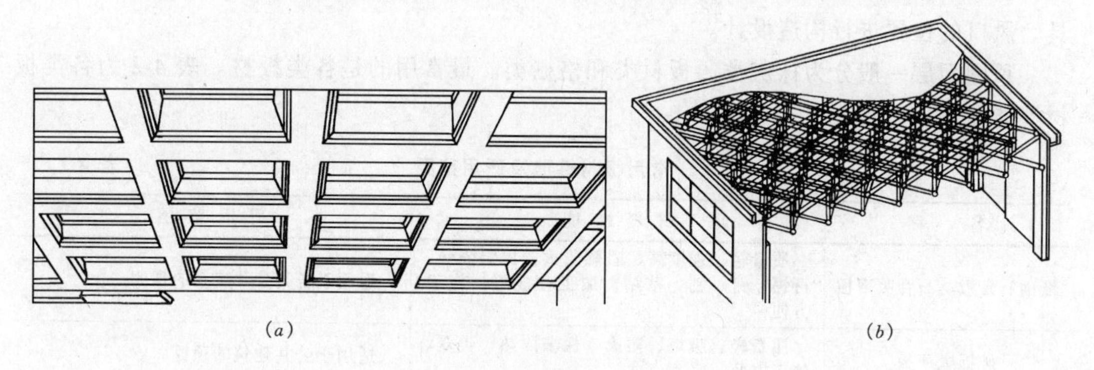

图 4-2　结构装饰顶棚

(a) 抹灰结构顶棚；(b) 网架结构顶棚

结构顶棚的主要构件材料及构造，一般由建筑与结构设计决定。其装饰效果往往利用色彩来调节，利用灯光来强调，利用工艺来改变，利用质感、饰品来创造。

第三节　悬吊式顶棚的基本构造

悬吊式顶棚，是指饰面与板底之间留有悬挂高度做法的顶棚。

一、特点

悬吊式顶棚可以利用这段悬挂高度布置各种管道和设备，或对建筑起到保温隔热、隔声的作用，同时，悬吊式顶棚的形式不必与结构形式相对应。但要注意：若无特殊要求时，悬挂空间越小越利于节约材料和造价；必要时应留检修孔、铺设走道以便检修，防止破坏面层；饰面应根据设计留出相应灯具、空调等电器设备安装和送风口、回风口的位置。这类顶棚多适用于中、高档次的建筑顶棚装饰。

二、构造组成与材料

悬吊式顶棚一般由面层、基层和吊筋三大基本部分组成，见图 4-3。

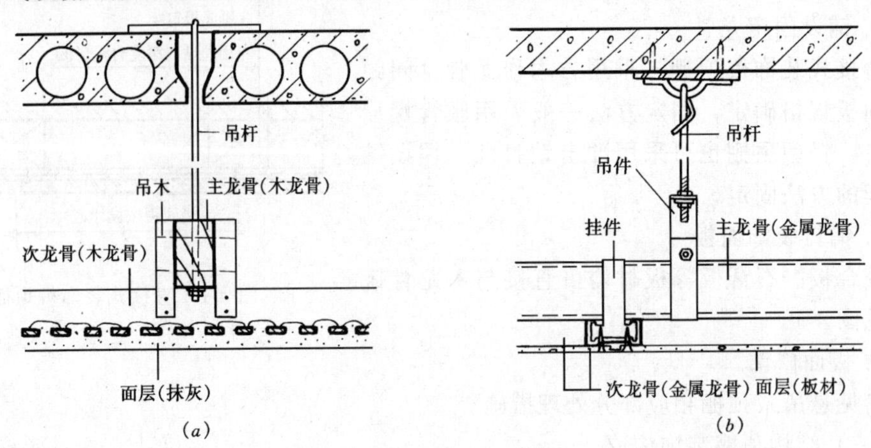

图 4-3 悬吊式顶棚组成

(一) 顶棚面层

面层的作用是装饰室内空间，而且还要具有吸声或反射功能，同时面层还要结合灯具、风口的位置进行构造设计。

顶棚面层一般分为抹灰类、板材类和格栅类。最常用的是各类板材。表 4-2 为各类板材性能及适用范围。

常用板材性能及适用范围 **表 4-2**

名　称	材 料 性 能	适 用 范 围
纸面石膏板、石膏吸声板	质量轻、强度高、阻燃防火、保温隔热，可锯、钉、刨、粘贴，加工性能好，施工方便	适用于各类公共建筑的顶棚
矿棉吸声板	质量轻、吸声、防火、保温隔热、美观、施工方便	适用于公共建筑的顶棚
珍珠岩吸声板	质量轻、防火、防潮、防蛀、耐酸，装饰效果好，可锯、可割，施工方便	适用于各类公共建筑的顶棚
钙塑泡沫吸声板	质量轻、吸声、隔热、耐水，施工方便	适用于公共建筑的顶棚
金属穿孔吸声板	质量轻、强度高、耐高温、耐压、耐腐蚀、防火、防潮、化学稳定性好、组装方便	适用于各类公共建筑的顶棚
石棉水泥穿孔吸声板	质量大，耐腐蚀，防火、吸声效果好	适用于地下建筑、降低噪声的公共建筑和工业厂房的顶棚
金属面吸声板	质量轻、吸声、防火、保温隔热、美观、施工方便	适用于各类公共建筑的顶棚
贴塑吸声板	导热系数低、不燃、吸声效果好	适用于各类公共建筑的顶棚
珍珠岩织物复合板	防火、防水、防霉、防蛀、吸声、隔热，可锯、可钉、加工方便	适用于公共建筑的顶棚

（二）顶棚基层

顶棚基层是一个由主龙骨、次龙骨所形成的骨架层（小面积轻型吊顶也可只用次龙骨）。其作用是承受顶棚的荷载，并通过吊筋传给承重结构。常用的顶棚基层有木基层和金属基层两类。

1. 木基层

木基层由主龙骨、次龙骨、吊木三部分组成。其中主龙骨为50mm×70mm，钉接或栓接在吊筋（吊杆）上，间距一般为1.2～1.5m。次龙骨为50mm×50mm，再用50mm×50mm的方吊木挂钉在主龙骨的底部，并用8号镀锌铁丝绑扎。次龙骨间距，对抹灰面层一般为400mm，对板材面层按板材的规格及缝隙大小确定，一般不大于600mm。

固定板材的次龙骨通常双向布置，其中一个方向的次龙骨钉接在主龙骨上，另一个方向的次龙骨钉接在前一个次龙骨之间。

木基层的耐火性较差，但锯解加工较方便。这类基层多用于传统建筑的顶棚和造型特别复杂的顶棚装饰。应用时需采取相应的防火措施。

2. 金属基层

金属基层常见有轻钢和铝合金两种基层。

轻钢基层主龙骨一般用特制的型材，断面多为U形，故称为U形龙骨系列。U形龙骨系列由大龙骨、中龙骨、小龙骨、横撑龙骨及各种连接件组成。其中大龙骨，按其承载能力分为三级，轻型大龙骨不能承受上人荷载；中型大龙骨，能承受偶然上人荷载，亦可在其上铺设简易检修走道；重型大龙骨能承受上人和800kN检修荷载，并可在其上铺设永久性检修走道。大龙骨的高度分别为30～38mm、45～50mm、60～100mm。中龙骨截面高度为50mm或60mm。小龙骨截面高度为25mm。

铝合金龙骨是目前用得较多的一种吊顶龙骨，有T形、U形、LT形及特制龙骨，最常用的是LT形龙骨。LT形龙骨主要由大龙骨、中龙骨、小龙骨、边龙骨及各种连接件组成。大龙骨分为轻型系列、中型系列、重型系列。轻型系列龙骨截面高30mm和38mm，中型系列龙骨截面高45mm和50mm，重型系列龙骨截面高60mm。中部中龙骨的截面为倒T形，边部中龙骨的截面为L形。中龙骨的截面高度为32mm和35mm。小龙骨的截面为倒T形，高度为22mm和23mm。

金属龙骨的截面形状可参见图4-11和图4-12。

当顶棚的荷载较大，或者悬吊点间距很大，以及在特殊环境下使用时，必须采用角钢、槽钢、工字钢等普通型钢做基层。

（三）顶棚的吊筋

吊筋的作用是连接龙骨，承受顶棚的荷载，调整悬吊高度，以适应不同场合艺术处理的需要。吊筋可采用钢筋、型钢或方木加工制作。钢筋用于一般顶棚，直径不小于6mm，应与屋顶或楼板连接牢固；型钢用于重型顶棚或整体刚度要求特别高的顶棚；方木一般用于木基层顶棚，截面为50mm×50mm，并采用金属连接件加固。

三、基本构造

悬吊式顶棚的结构构造组成如图4-4所示。

（一）吊筋与结构的连接

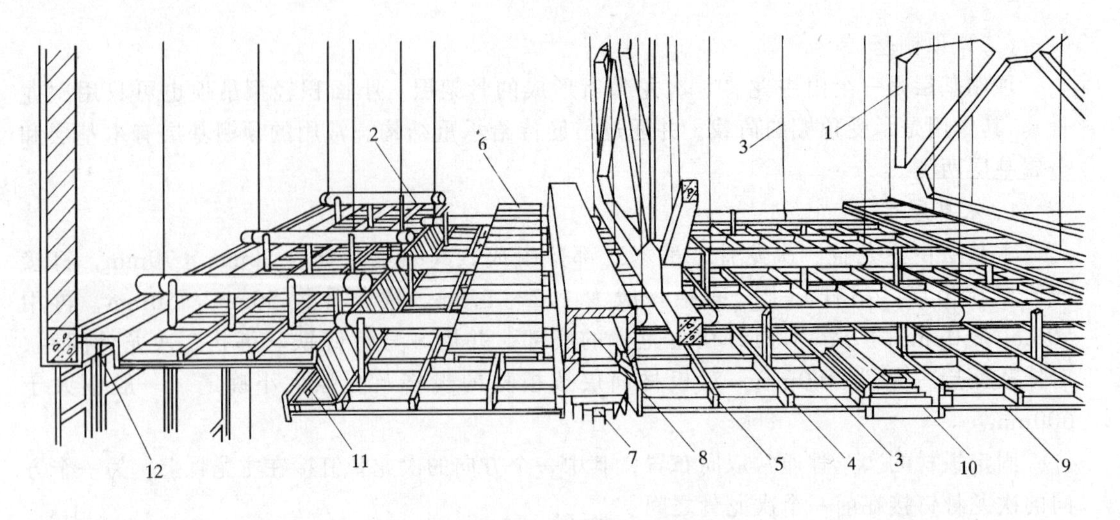

图 4-4 悬吊式顶棚的结构构造组成

1—屋架；2—主龙骨；3—吊筋斗；4—次龙骨；5—间距次龙骨；6—检修走道；7—出风口；8—风道；9—吊顶面层；10—灯具；11—灯槽；12—窗帘盒

一般顶棚吊筋为 $\phi6\sim8mm$ 的圆钢，间距在 900～1200mm 左右。吊筋与结构的连接方式有以下几种，见图 4-5。

(1) 吊筋直接插入板缝，并用 C20 细石混凝土灌缝，如图 4-5（*a*）所示。

(2) 吊筋绕于预埋件焊接的半圆环上，如图 4-5（*b*）、（*c*）所示。

(3) 吊筋与预埋钢筋焊接，如图 4-5（*d*）所示。

(4) 通过连接件(钢筋、角钢)两端焊接,使吊筋与结构连接,如图 4-5(*e*)、(*f*)所示。

(二) 吊筋与顶棚基层的连接

吊筋与顶棚基层可用 8 号镀锌铁丝绑扎、钉接、吊勾或螺栓几种方式进行连接。

(三) 面层与基层的连接

1. 抹灰类顶棚

抹灰类顶棚的饰面抹灰层必须附着在木板条、钢丝网和钢板网等材料上。因此，首先将这些材料紧固在基层骨架上，然后再做饰面抹灰层。

单纯用抹灰做饰面层的方法，目前在较高档次装饰中已不多见，常用的做法是在抹灰层上，用墙纸、墙布、釉面砖等材料做顶棚面层。

2. 板材类顶棚

顶棚面层与基层的连接需要连接件、紧固件或连接材料。如螺钉、螺栓、圆钉、特制卡具、胶粘剂等。

连接材料与连接方法有关。面板与金属基层连接一般采用自攻螺钉；面板与木基层连接采用木螺钉或圆钉；也可采用各类相应胶粘剂将钙塑板、矿棉板与 U 形龙骨粘结；如果是搁置连接，一般不需要连接材料。

饰面板的拼缝，是影响顶棚面层装饰效果的一个重要因素。对一般板材有对缝、凹缝、盖缝等几种方式，见图 4-6 所示。对缝易造成不平，凹缝强调线条及立体感，盖缝可以弥补板材及施工时呈现的不足。

四、构造范例（图 4-7～图 4-12）

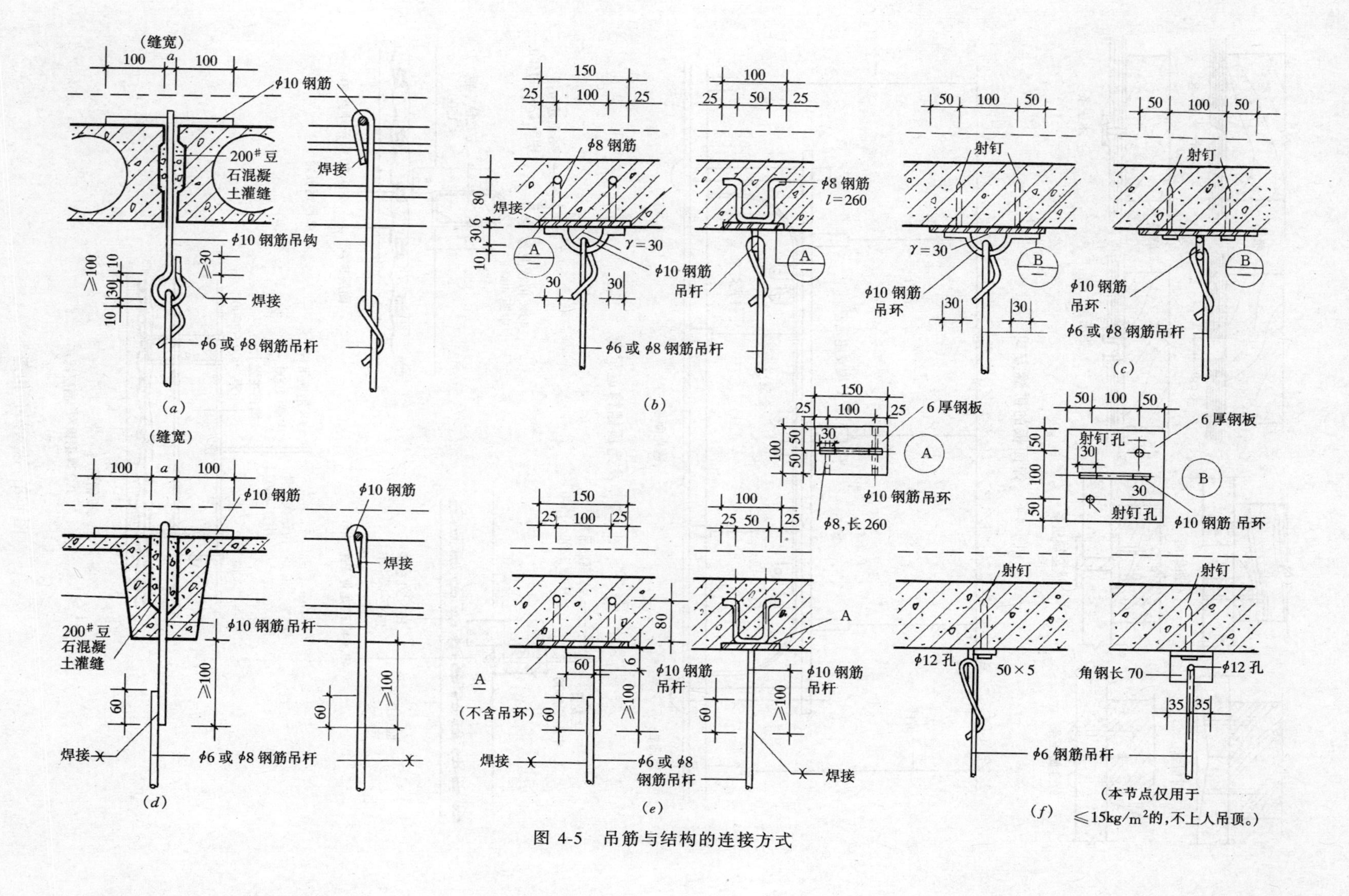

图 4-5　吊筋与结构的连接方式

(本节点仅用于≤15kg/m²的，不上人吊顶。)

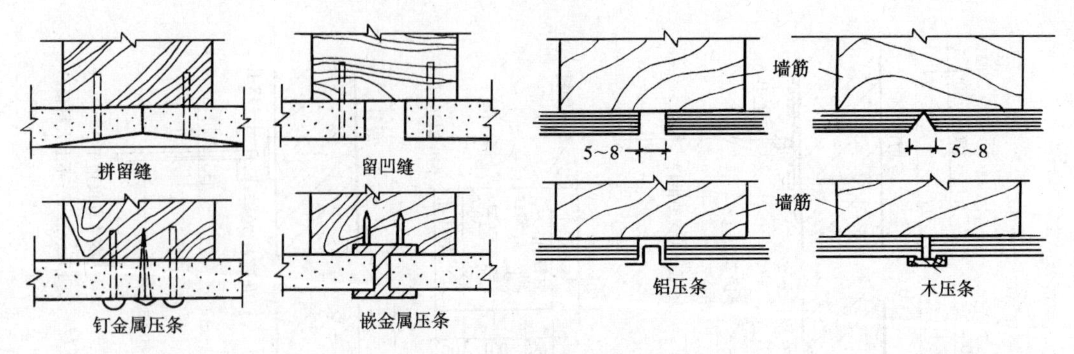

图 4-6　饰面板的拼缝方式

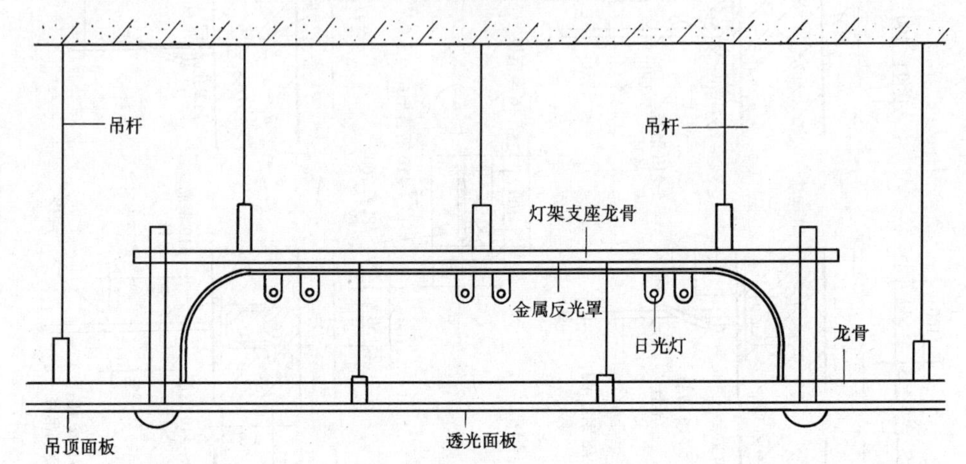

图 4-7　发光顶棚构造示意

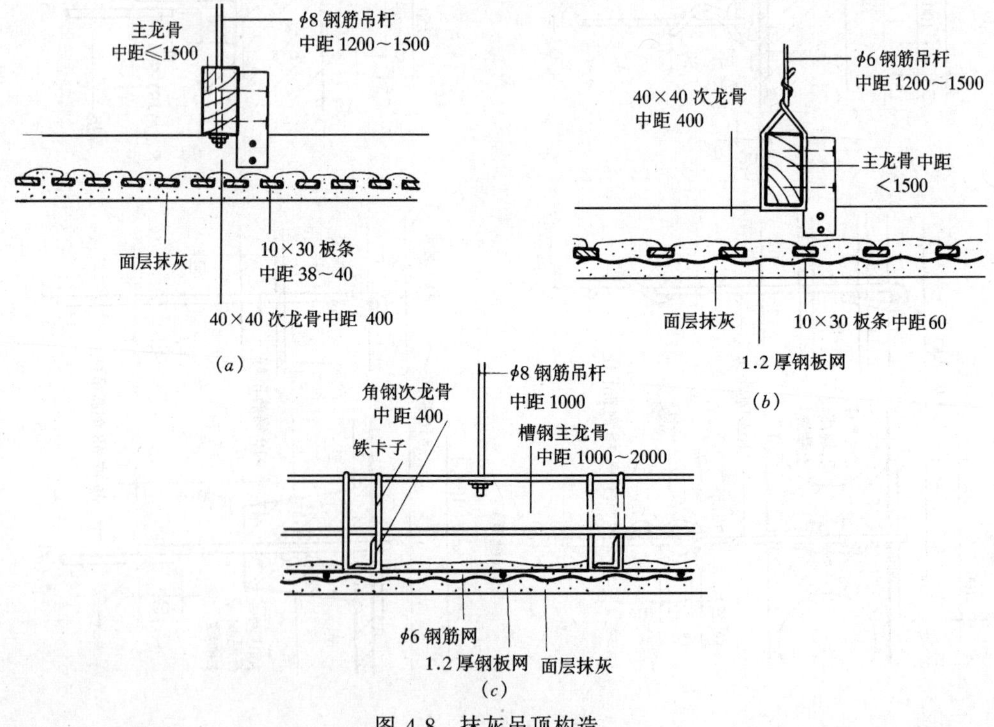

图 4-8　抹灰吊顶构造

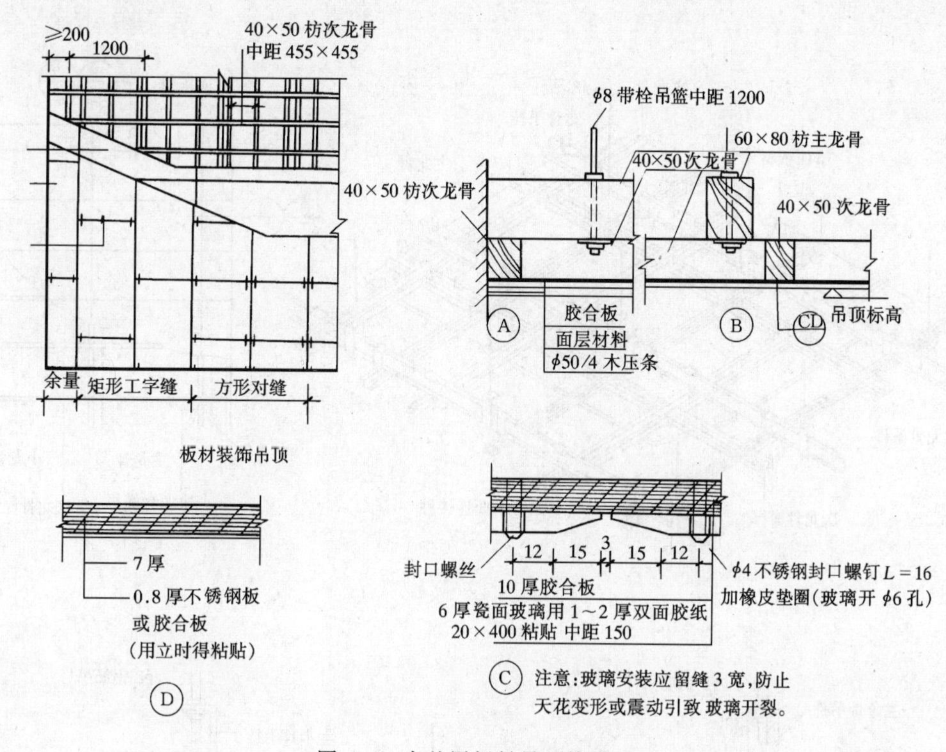

图 4-9　木基层板材吊顶构造

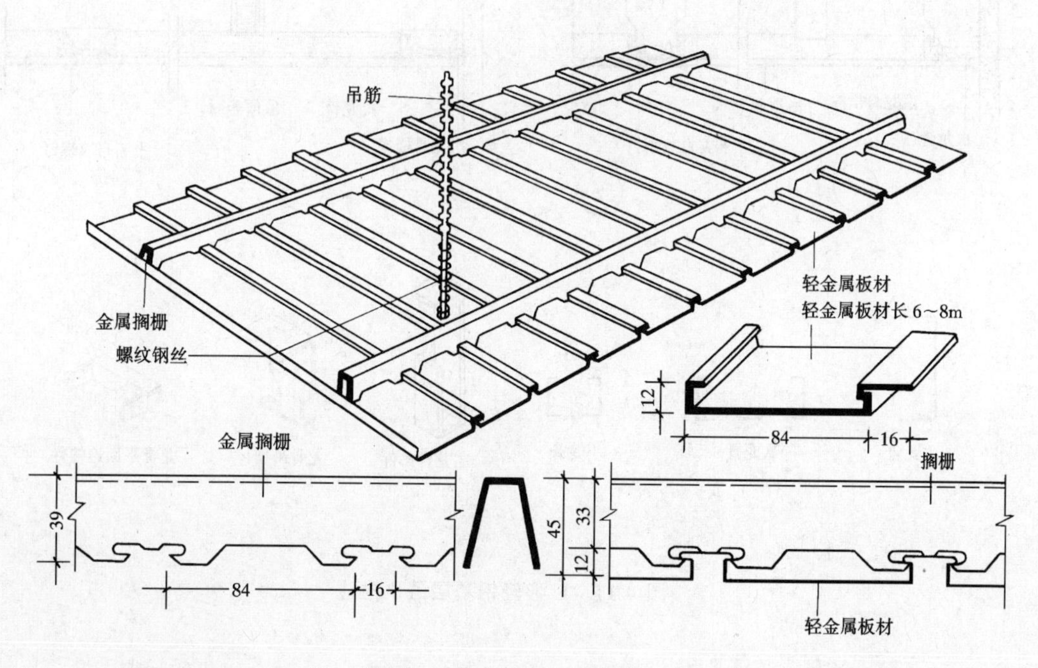

图 4-10　金属扣板吊顶构造

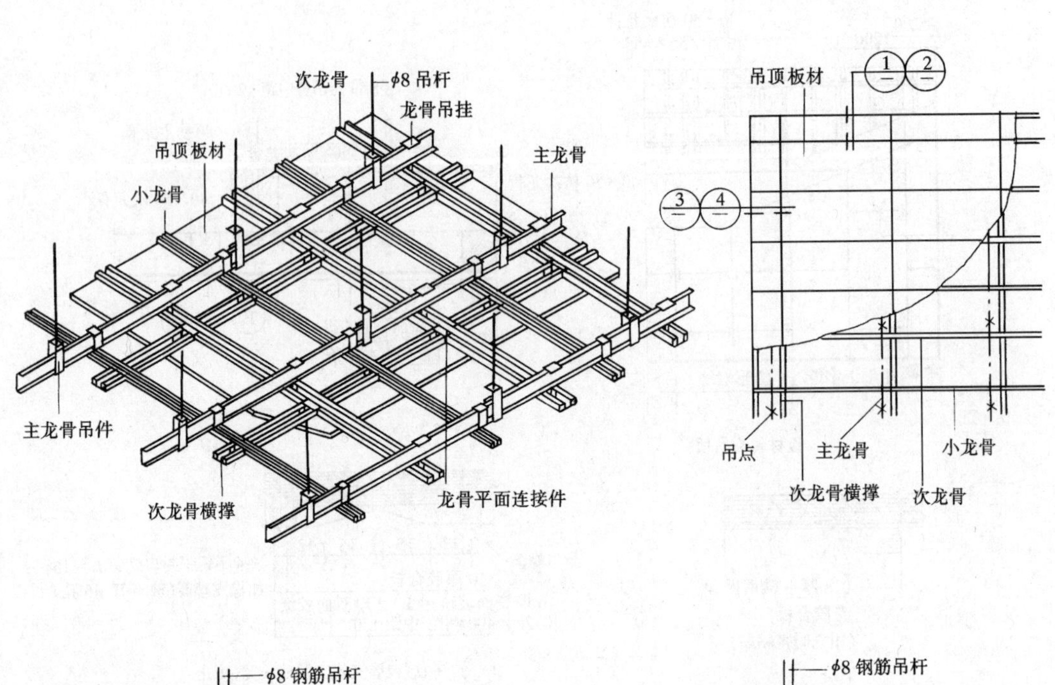

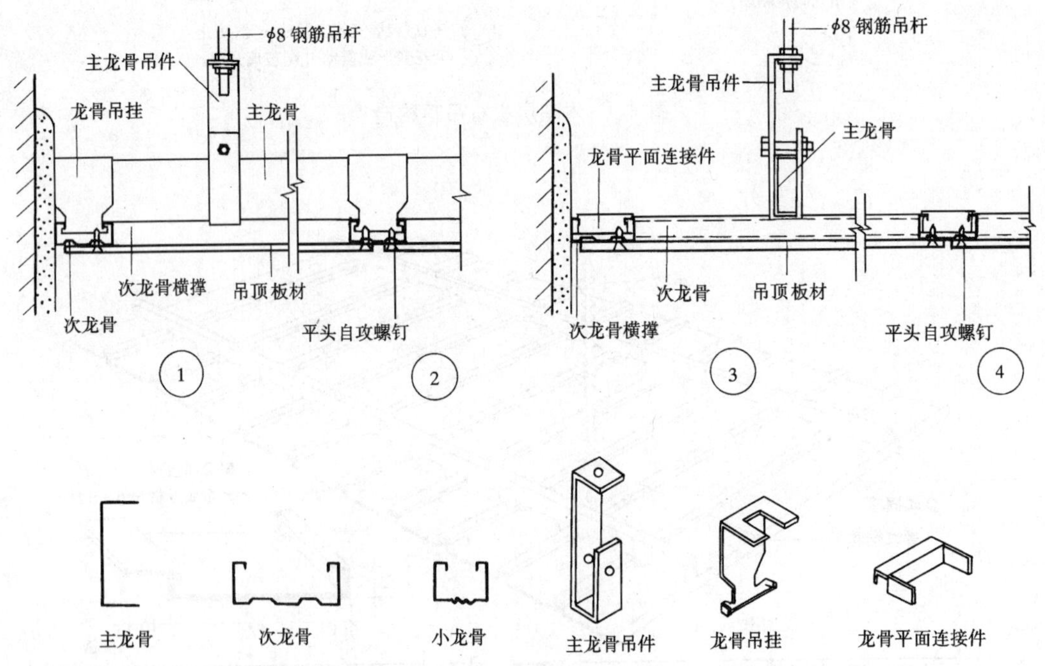

图 4-11　U 形轻钢基层吊顶构造

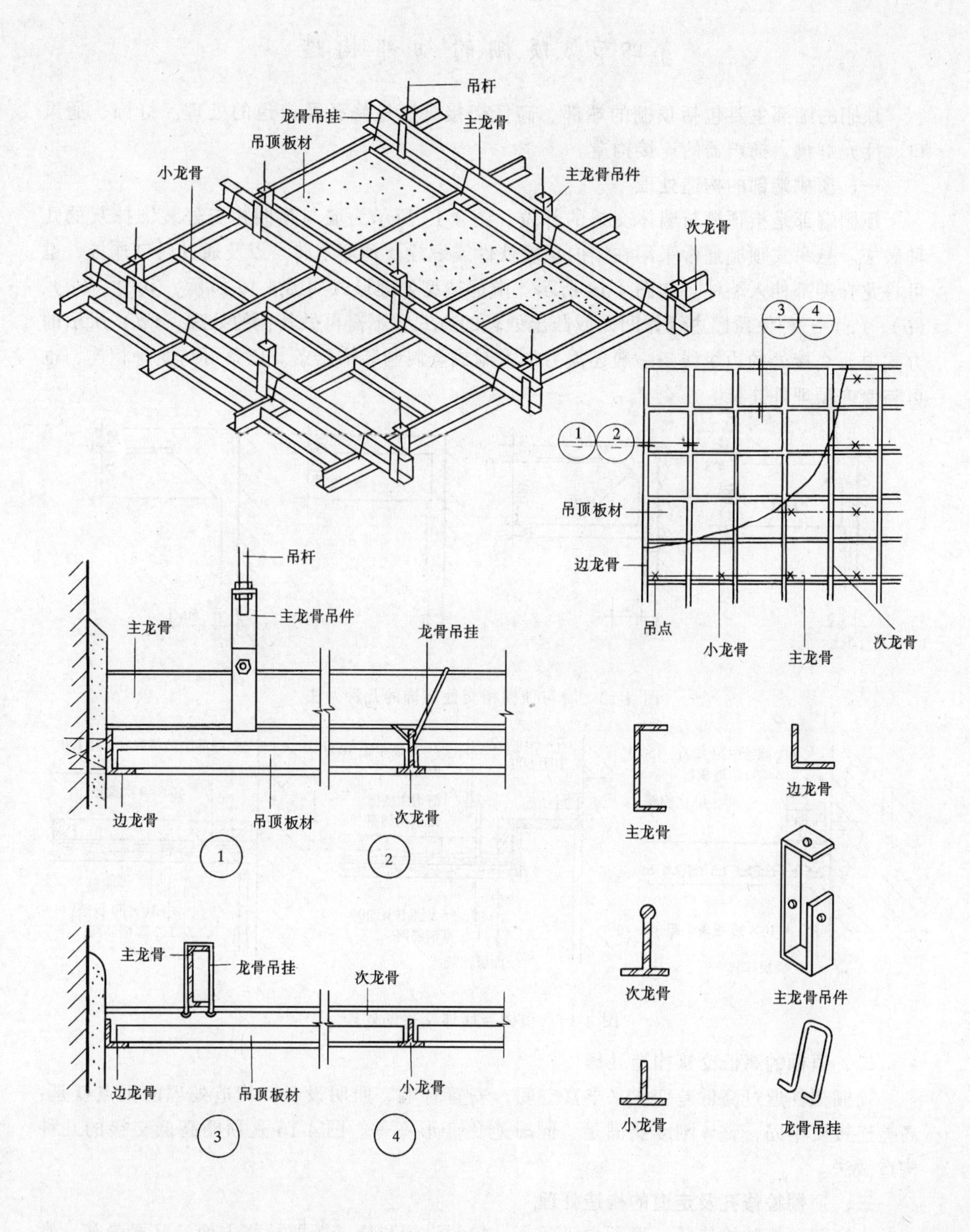

图 4-12　T 形铝合金基层吊顶构造

第四节　顶棚的细部构造

顶棚的细部主要包括顶棚的端部、高低交接处、检修孔及走道的处理。灯饰、通风口、反光灯槽、扬声器的连接构造。

一、顶棚端部的构造处理

顶棚端部是指顶棚与墙体交接的部位。图 4-13 所示为墙与顶棚相交处装饰抹灰的几种做法。悬吊式顶棚通常采用在墙内预埋铁件或螺栓、预埋木砖，以及通过射钉连接，也可将龙骨端部伸入墙体，如图 4-14 所示。端部造型处理形式如图 4-15 所示，其中，(*a*)、(*b*)、(*c*) 三种使顶棚边缘作凹入或凸出处理的方式，不需再做其他的处理，(*d*) 所示的方式中，交接处的边缘线条一般还需另加木制或金属制装饰压条。压条可与龙骨相连，也可与墙内预埋件连接。

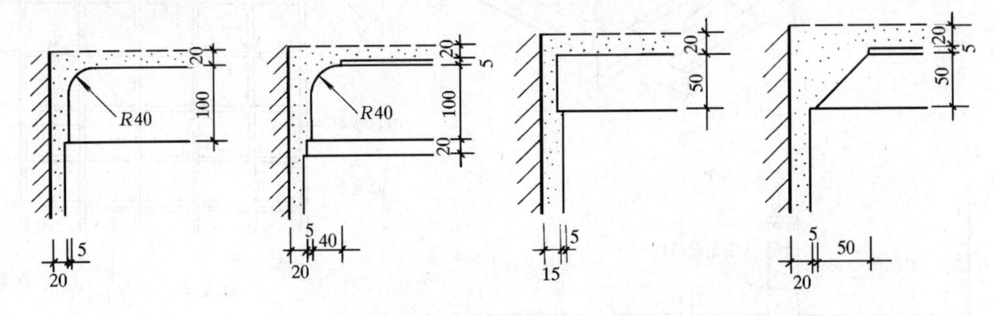

图 4-13　墙与顶棚相交处装饰的几种做法

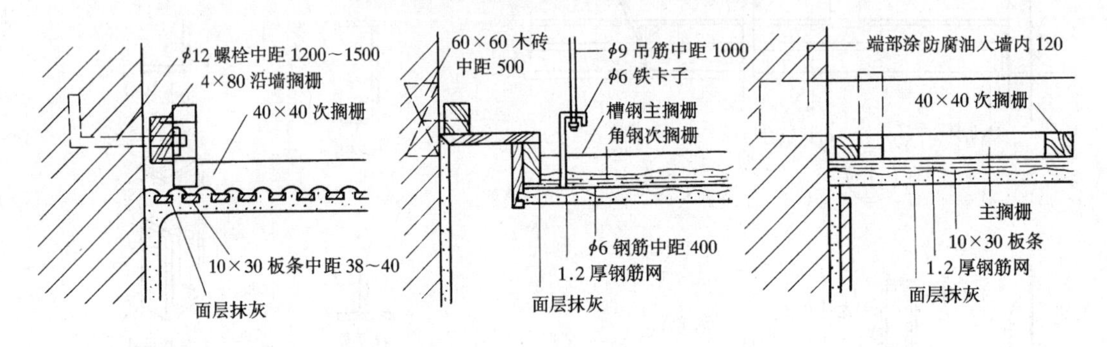

图 4-14　顶棚与墙体交接的处理

二、顶棚的高低交接构造处理

顶棚往往通过高低差变化来丰富空间，安置音响、照明设备。构造处理的重点就是：高差连接要牢固，整体刚度要满足，同时避免变形不一。图 4-16 是顶棚高低交接的几种构造做法。

三、顶棚检修孔及走道的构造处理

大房间顶棚的检修孔一般不少于两个，它的设置与构造既要检修方便，又要隐蔽。常用活动板进人孔和灯罩进人孔，构造如图 4-17 所示。

检修走道是为了检修和更换灯具、管道等设施，因此检修走道应靠近设施布置，构造做法如图 4-18 所示。

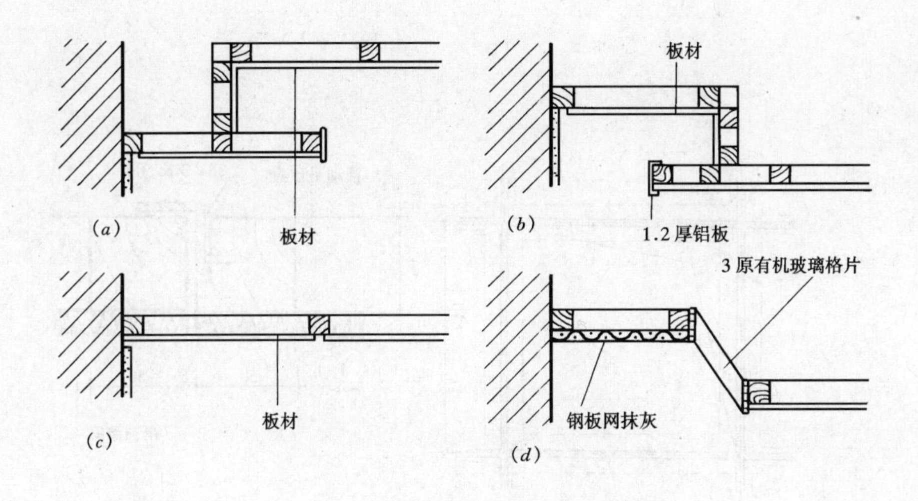

图 4-15　端部造型处理形式

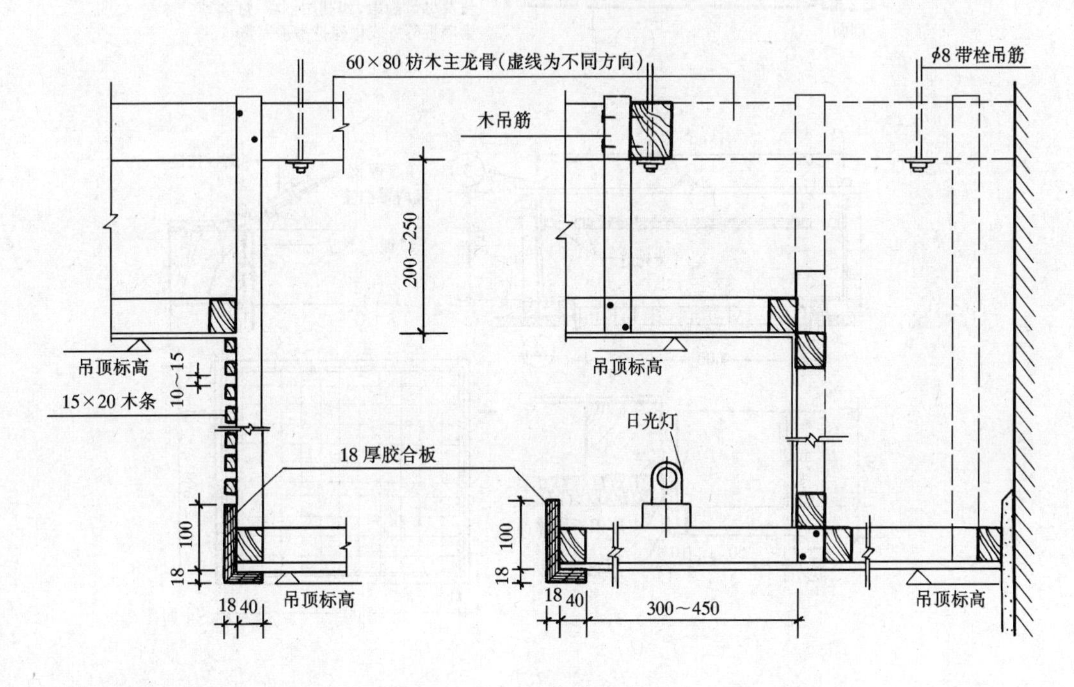

图 4-16　顶棚高低交接的构造

四、顶棚与灯饰、通风口、扬声器的连接构造

灯饰、通风口、扬声器与顶棚的连接构造，主要是指在顶棚相应位置留洞，嵌入灯饰、通风口、扬声器的做法。一般用龙骨按它们的外形尺寸围合孔洞边框，安在次龙骨之间，既作电器设施的连接点，又可增加龙骨强度，具体做法详见图 4-19。

五、顶棚与反光灯槽的连接构造

顶棚装饰中经常用到反光灯槽，构造设计中要控制灯槽挑出长度和到顶棚间的距离。图 4-20 为反光灯槽的构造示意。

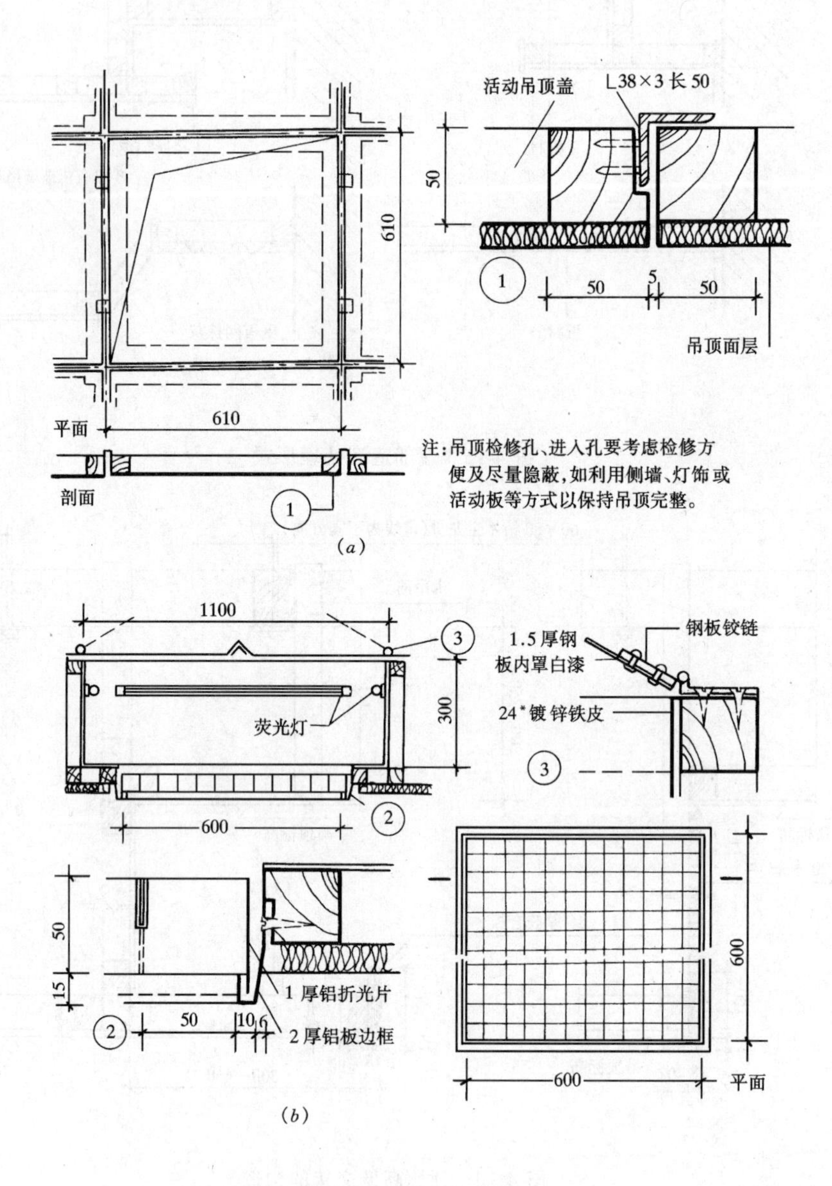

图 4-17 活动板进人孔和灯罩进人孔构造

(a) 活动板进人孔；(b) 灯罩进人孔

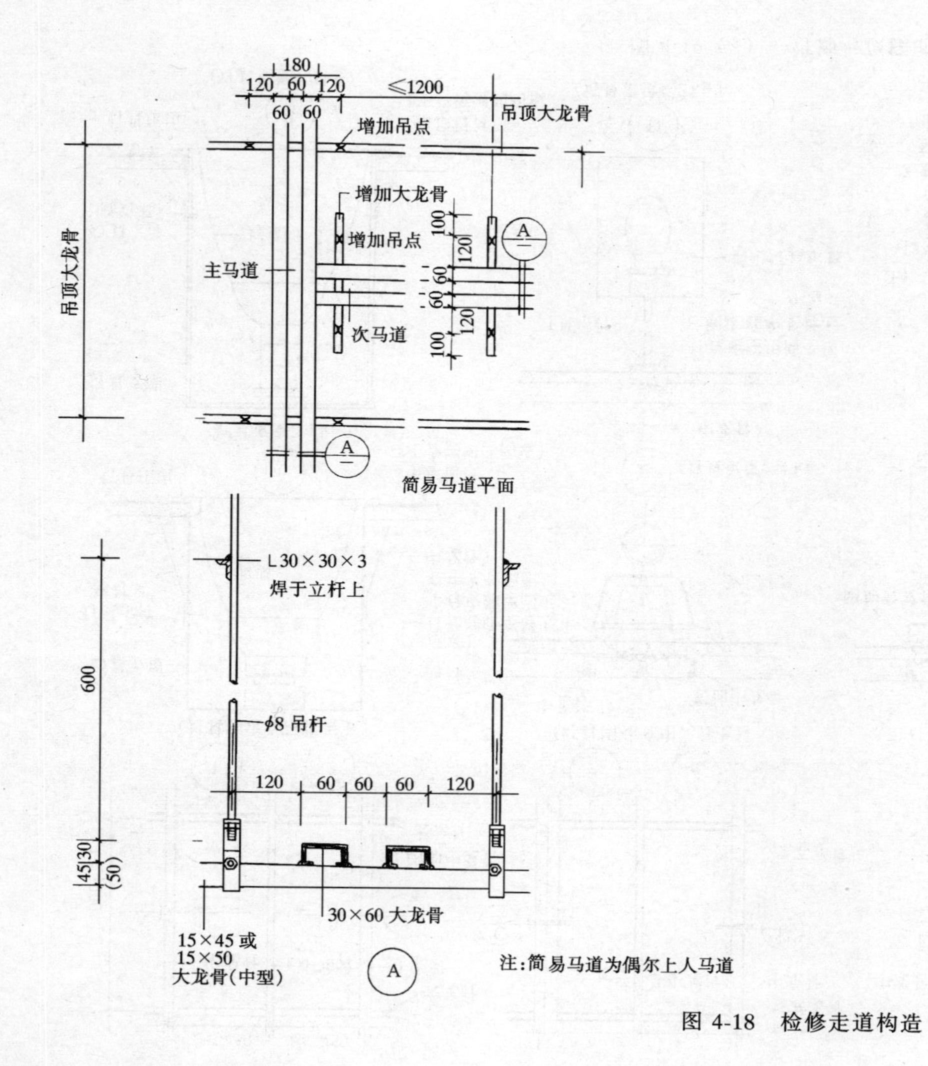

注:简易马道为偶尔上人马道

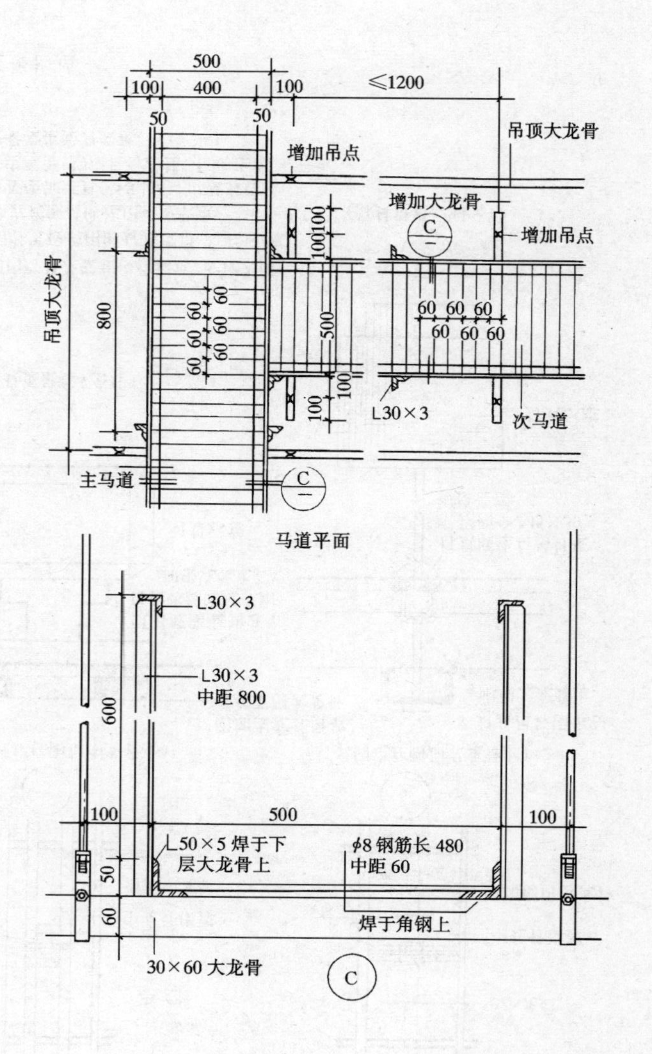

图 4-18 检修走道构造

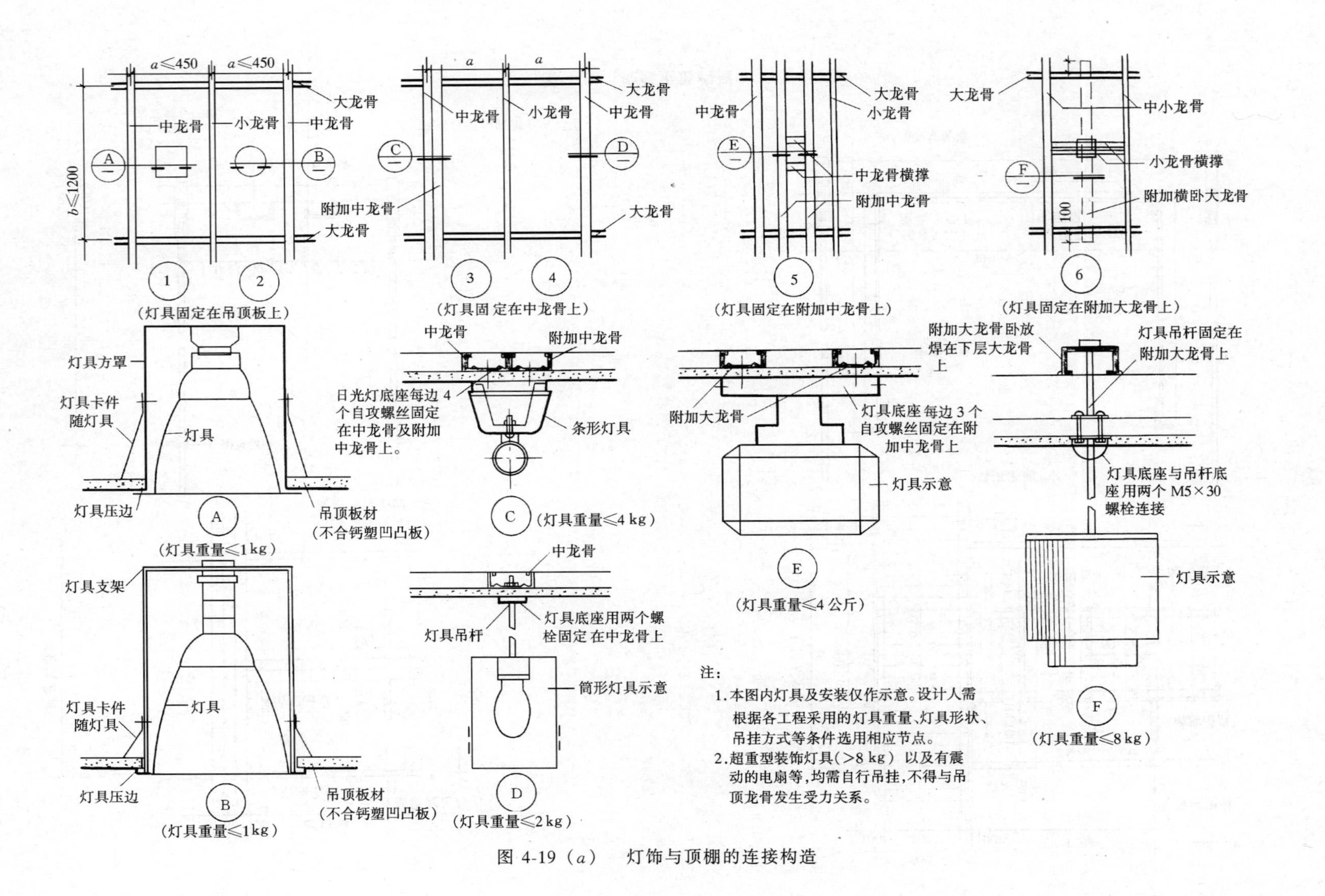

注:

1. 本图内灯具及安装仅作示意。设计人需根据各工程采用的灯具重量、灯具形状、吊挂方式等条件选用相应节点。
2. 超重型装饰灯具(>8 kg)以及有震动的电扇等,均需自行吊挂,不得与吊顶龙骨发生受力关系。

图 4-19（a）　灯饰与顶棚的连接构造

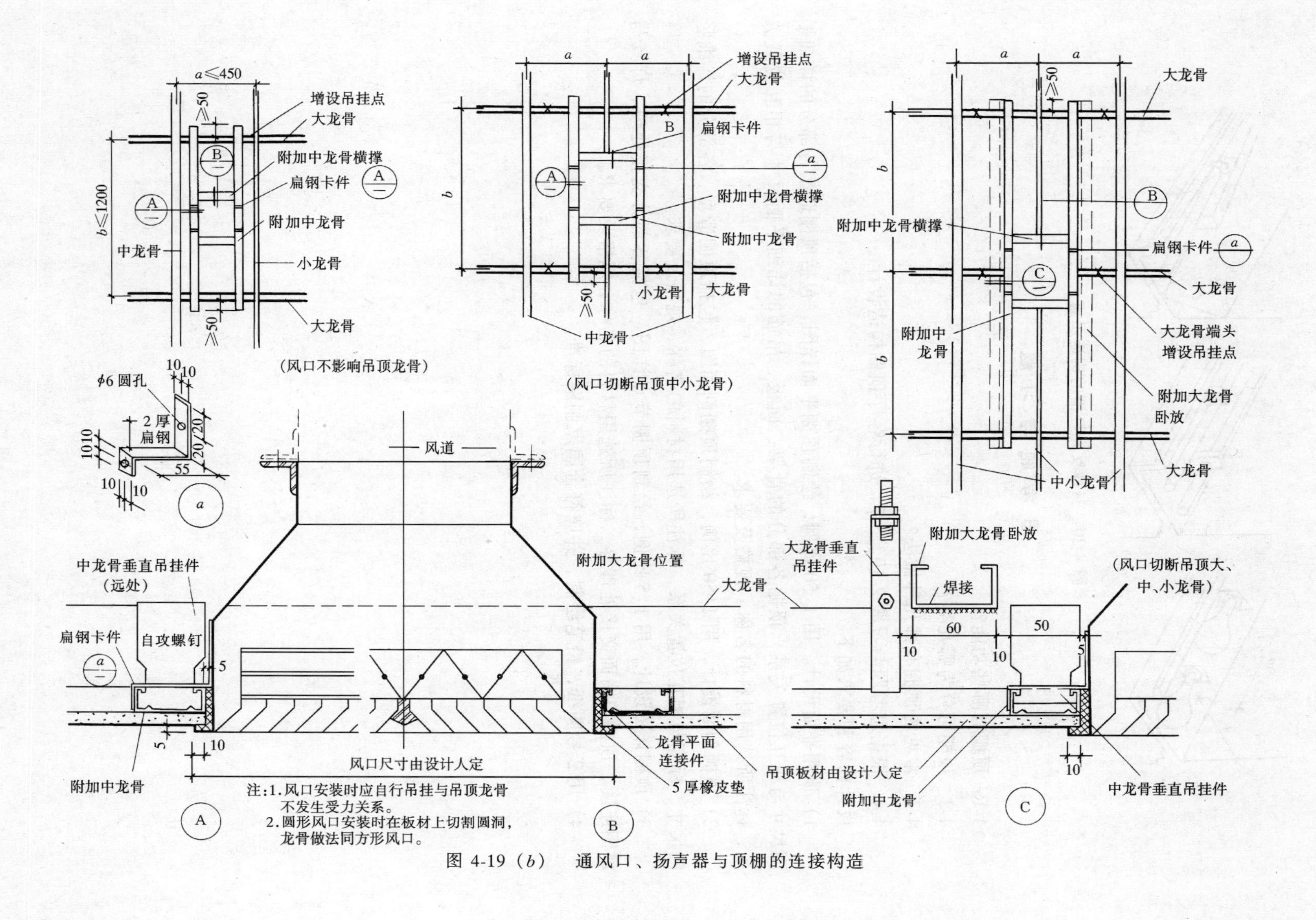

注:1.风口安装时应自行吊挂与吊顶龙骨不发生受力关系。
2.圆形风口安装时在板材上切割圆洞,龙骨做法同方形风口。

图 4-19(b) 通风口、扬声器与顶棚的连接构造

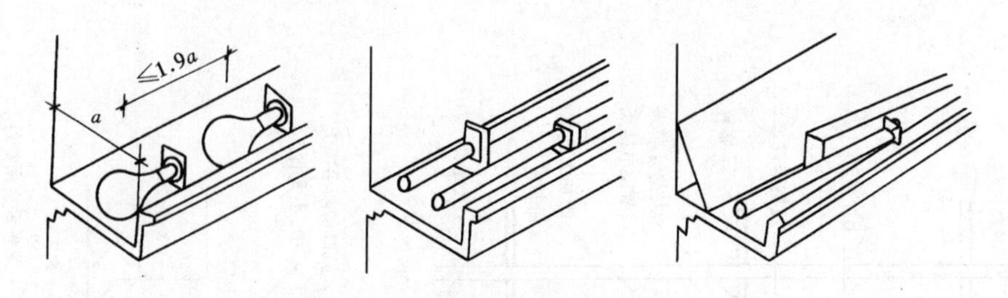

图 4-20　三种反光灯槽的构造示意

思考题与习题

4-1　顶棚有哪些功能？

4-2　顶棚可分为哪几类？

4-3　常见的顶棚有哪几种做法？

4-4　根据思考题与习题 2-10、3-7，进行客厅顶棚构造设计。

设计内容和要求如下：

1）顶棚平面设计，用 1∶50 比例，绘制顶棚平面详图，包括顶棚造型各部分的详细平面尺寸与相互位置关系，顶棚各部分的骨架、面板、吊筋的详细平面尺寸与相互位置关系，标注所选用材料的名称、规格及要求。

2）顶棚剖面设计，用 1∶50 比例，绘制顶棚剖面图，包括顶棚造型、各部分的详细竖向尺寸、标高与相互位置关系，标注所选用材料的名称、规格及要求。

3）顶棚详图设计，用 1∶5 比例，绘制顶棚节点详图，包括各部分交接处理、灯具与顶棚连接、顶棚与墙面交接处理等，标注所选用材料的名称、规格及要求。

4）用 2 号图纸，铅笔绘制，并应符合国家制图标准。

第五章　其他装饰构造

第一节　室内隔断构造

一、隔断的特点和种类

隔断是不到顶的隔墙。它具有一定的功能和装饰作用，其主要功能是分隔室内空间，但不能做到隔声、保温和防盗；有的隔断还允许视线穿透，如玻璃隔断和漏空隔断。

隔断的稳定靠它与地板和两端主体墙的连接。当主体墙的间距较大时，应在隔断的适当距离内加设短柱，或利用隔断的转折来提高它的稳定性。

隔断有固定式和活动式两种，固定式隔断有木隔断、花格隔断、玻璃隔断、玻璃砖隔断、博古架式木隔断，铝合金隔断等，活动式隔断有家具式隔断、开放式办公室隔断等。

二、隔断的构造

1. 玻璃隔断

用玻璃做成的隔断具有空透、明快、色彩艳丽等特点，在公共和居住建筑中使用较多。

玻璃隔断一般采用硬木框架、铝合金框架或不锈钢框架，内镶玻璃制作而成。所用的玻璃可以是普通玻璃，磨砂玻璃，刻花、套色及银光刻花玻璃、压花玻璃、彩色玻璃、夹

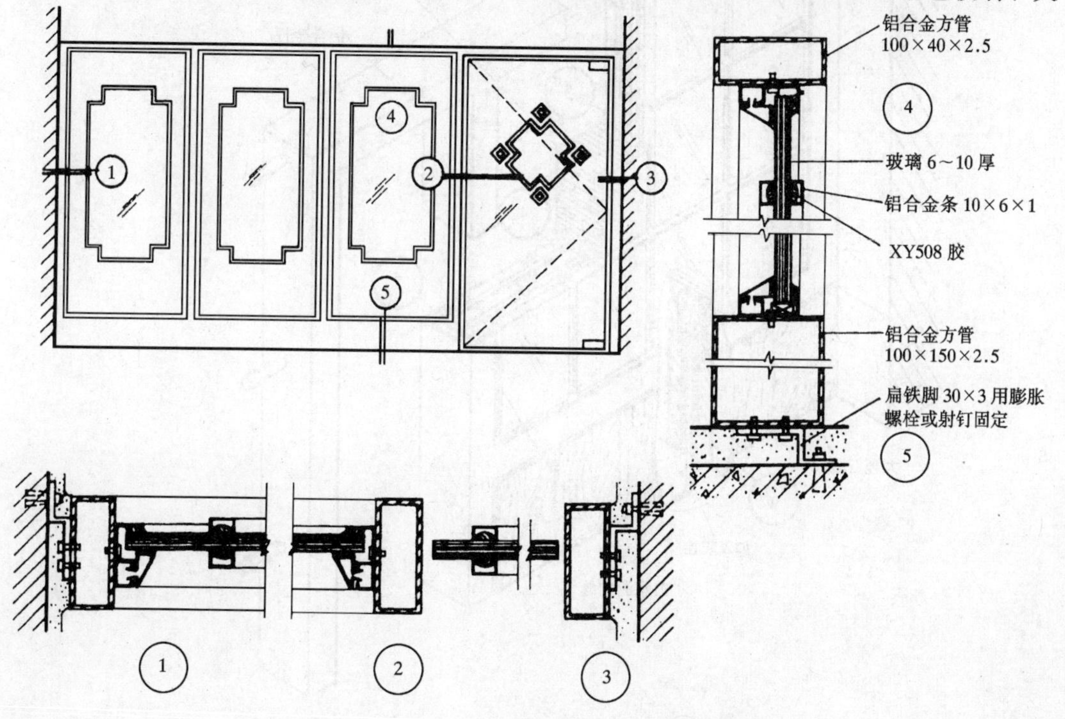

图 5-1　铝合金框架花饰玻璃隔断构造示意

花玻璃等，表面还可以采用喷漆等工艺。框架与主体墙和梁的连接可为钉接、螺栓连接或通过预埋件连接，框架上镶嵌玻璃，玻璃四周可用压条固定，并采用密封胶封闭。

图 5-1 为铝合金框架花饰玻璃隔断构造示意。

2. 玻璃砖隔断

玻璃砖是一种单块面积小、厚度大的半透明装饰材料。用玻璃砖制作的隔断，既有分隔作用，又有采光而不穿透视线的作用，且有很强的装饰效果，属于豪华型隔断。

玻璃砖的四周侧面设有凹槽，用以灌注粘结砂浆，把单个的玻璃砖拼装到一起。当玻

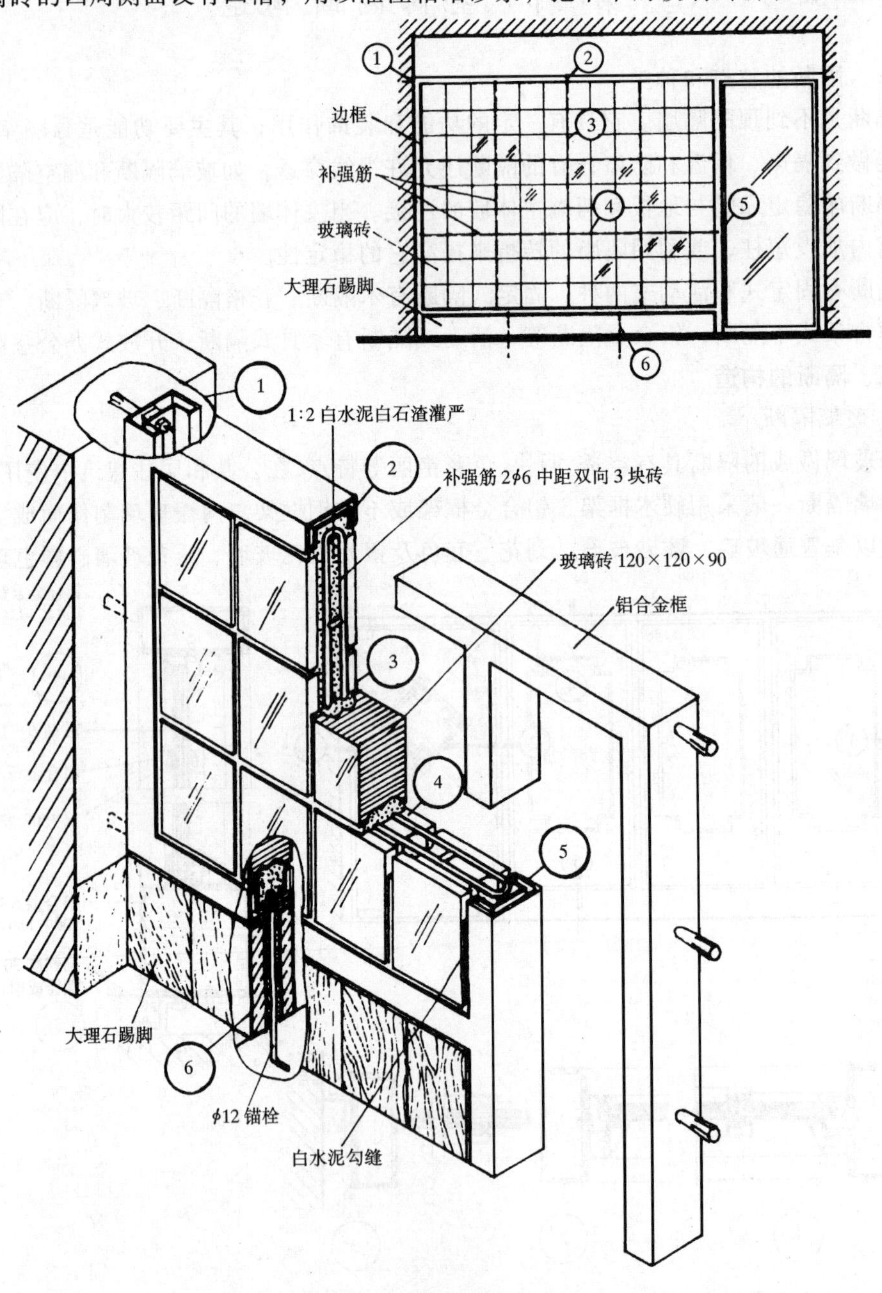

图 5-2　玻璃转隔墙构造示意

璃砖隔断面积较大时，在玻璃砖的凹槽中应加通长的钢筋或扁钢，在纵横两个方向每隔3～4块玻璃砖设置一道，并使端头与框体锚固牢靠，以保证隔断的整体性和稳定性。玻璃砖的缝隙用白水泥勾凹缝。

玻璃砖隔断的边框可用木料或铝合金型材制作，与主体墙和楼地板连接处可用膨胀螺栓固定。

玻璃砖隔断的踢脚可用大理石或面砖粘贴。玻璃砖隔断构造如图 5-2 所示。

3．博古架式木隔断

博古架式木隔断是仿中国传统室内装饰的一种形式，适用于具有书香气息的会客厅、书房和文物展室等。

博古架式木隔断的外露部分均为硬木制作，横竖隔断均用中密度纤维板组合，并包以水曲柳三合板。其构造简单、造价低廉，外观古朴典雅，因此被家庭广泛采用。

博古架式木隔断构造如图 5-3 所示。

4．开放式办公室隔断

把职员集中在一个大空间里集体办公，每个职员办公范围之间用隔断分割开，这种办公

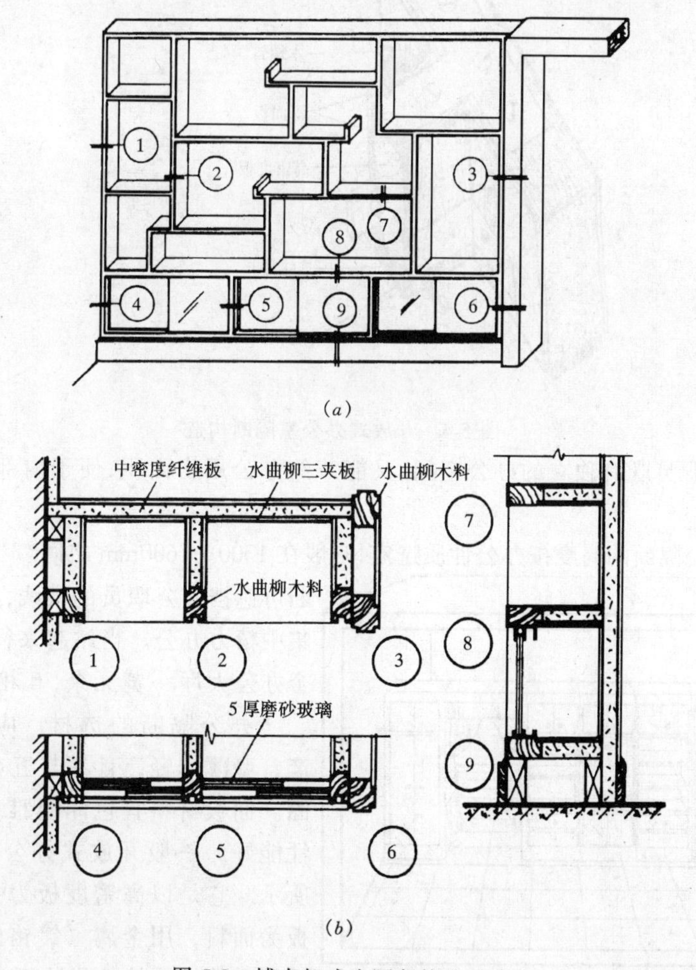

图 5-3 博古架式木隔断构造示意

（a）局部立面；（b）节点构造

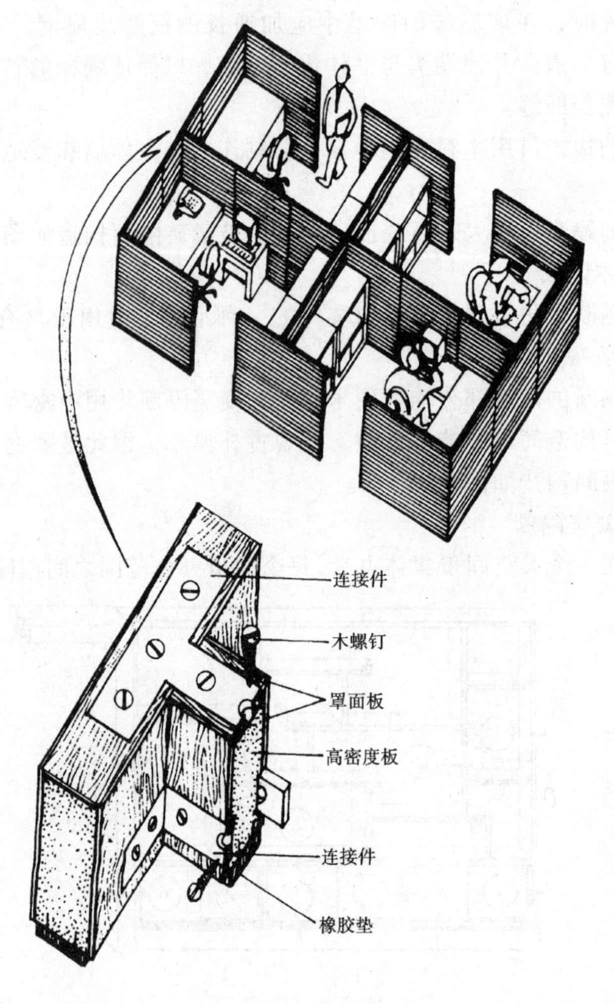

图 5-4　开放式办公室隔断构造

形式能使每个职员既有独立的办公空间,又能节约办公用房面积,便于内部业务沟通,促进职员廉洁守纪。

开放式办公隔断的高度按办公性质选定,一般在 1300～1600mm 之间。当坐下办公时,隔断可遮挡办公职员的视线,良好的环境利于集中精力办公。当站起来行走时,却可对整个办公大厅一览无余,互相联系极其方便。

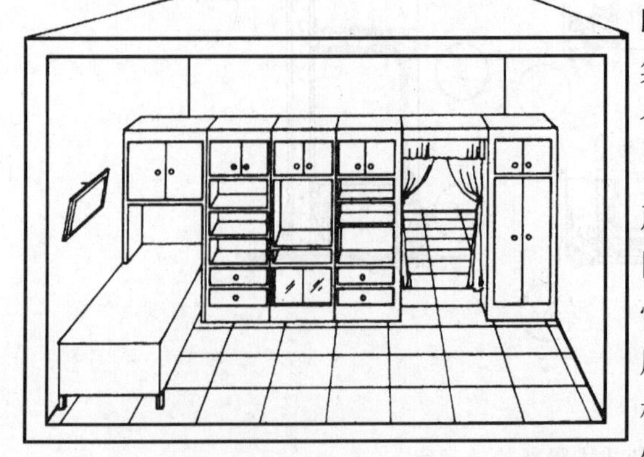

图 5-5　家具式隔断

办公隔断的选材，应便于工业化生产，壁薄体轻，且易与五金连接件连接紧固。面板材料宜色泽淡雅、易擦拭、防火性能好。一般开放式办公室隔断如图 5-4 所示。它是以高密度板为主材，防火装饰板为面料，用金属（镀铬铁质、铜质、不锈钢质等）连接件组装而成。

5．家具式隔断

用家具作为隔断手段，可把功能和实用结合起来，节约大量隔断用墙体材料。同时，组合式家具的不同组合形式，还可以使建筑空间灵活多变。家具式隔断可运用在开放式办公室、家庭会客厅和书房等处。

图 5-5 为家具式隔断一例。

第二节　门面和橱窗构造

随着改革开放的深入，城乡贸易蓬勃发展，商业街、商贸中心以及各种中小型的餐厅、酒店、店铺相继建成，原有的一些商业建筑也要进行重新装饰，以增加商业气氛，显示出建筑的内部功能，达到招徕顾客的目的。因此，店铺的门面、橱窗等部位的装饰，便成了建筑装饰工程中一个十分重要而又较为特殊的装饰部分。

一、门面的特点及构造

门面（又称门头）装饰，主要涉及商业、餐饮、宾馆、休闲娱乐等公共建筑。它对建筑的性质、经营范围等起着增加吸引力的标示作用。门面的装饰设计应充分突出个性并富有情趣，同时还应与周围环境相协调。

门面的类型很多，按结构形式可分为：壁龛式，即将门头直接依附在建筑外墙上，其形体或凹进、或凸出墙面；悬挂式，即将门头向外挑出墙面，用钢筋或钢筋混凝土支撑；前置式，即将门前置景，将门头做成导向性空间；综合手法式，即将门头的装饰扩大化，使门头、绿化、水体、灯光造型成为一体。

门面装饰使用的饰面材料，要求坚固耐久，且经得起日晒雨淋，因此对某些材料要进行防水、隔热等处理。门面常用的饰面材料有木材、胶合板、防火板、金属板、玻璃、PVC 板、灯箱片等。使用不同材料的门面的装饰构造与做法如下：

（1）木材门面。用方木做龙骨，再按图纸要求将龙骨组装起来。主龙骨用角钢和膨胀螺栓，以 500mm 左右的间距与墙体连接，或者在砌筑的门头基座位置上用角钢框架支撑，使其与木龙骨连接牢固。最后以钉接方法（加胶）在木龙骨上铺设饰面板，并进行油漆。这种做法一般在设有雨棚的情况下使用。

（2）石材门面。所用材料主要是花岗岩和人造石材，铺设的基本做法与一般墙面相同。

（3）金属门面。所用饰面材料有铝合金板、不锈钢板、钛合金板、金属波形板、铝复合板等。做法是，金属骨架通过连接与建筑物固定在一起。固定方法可与墙体预埋件相焊接，也可通过膨胀螺丝与墙体连接，然后在金属骨架上安装面板。面板为一般金属平板，金属饰面与骨架之间需加一层由胶合板做的底板，如金属板材料本身带有基板则无须另加底板。金属骨架需预先作防锈处理，饰面的安装应注意平整、受力均匀以及避免色差。底板用钢钉固定在边框的木方上，钉头要钉人板内，然后在底板面刷胶，贴上金属平板；面板为铝镁曲面板或金属压型板时，可直接用钉子钉固在边框的方木上。

（4）玻璃门头。所用饰面材料有压花玻璃、磨砂玻璃、布纹玻璃、彩色玻璃和镜面玻璃。厚度一般为 5mm 以上。其构造做法与一般玻璃墙面基本相同，即先进行基层处理（墙体预埋木砖），再安装木龙骨（装竖向和横向龙骨），然后铺底板（预加防潮层），最后安装玻璃。玻璃可采用螺钉、胶粘或托压等方法固定。

图 5-6 为某咖啡店门面装饰构造范例。

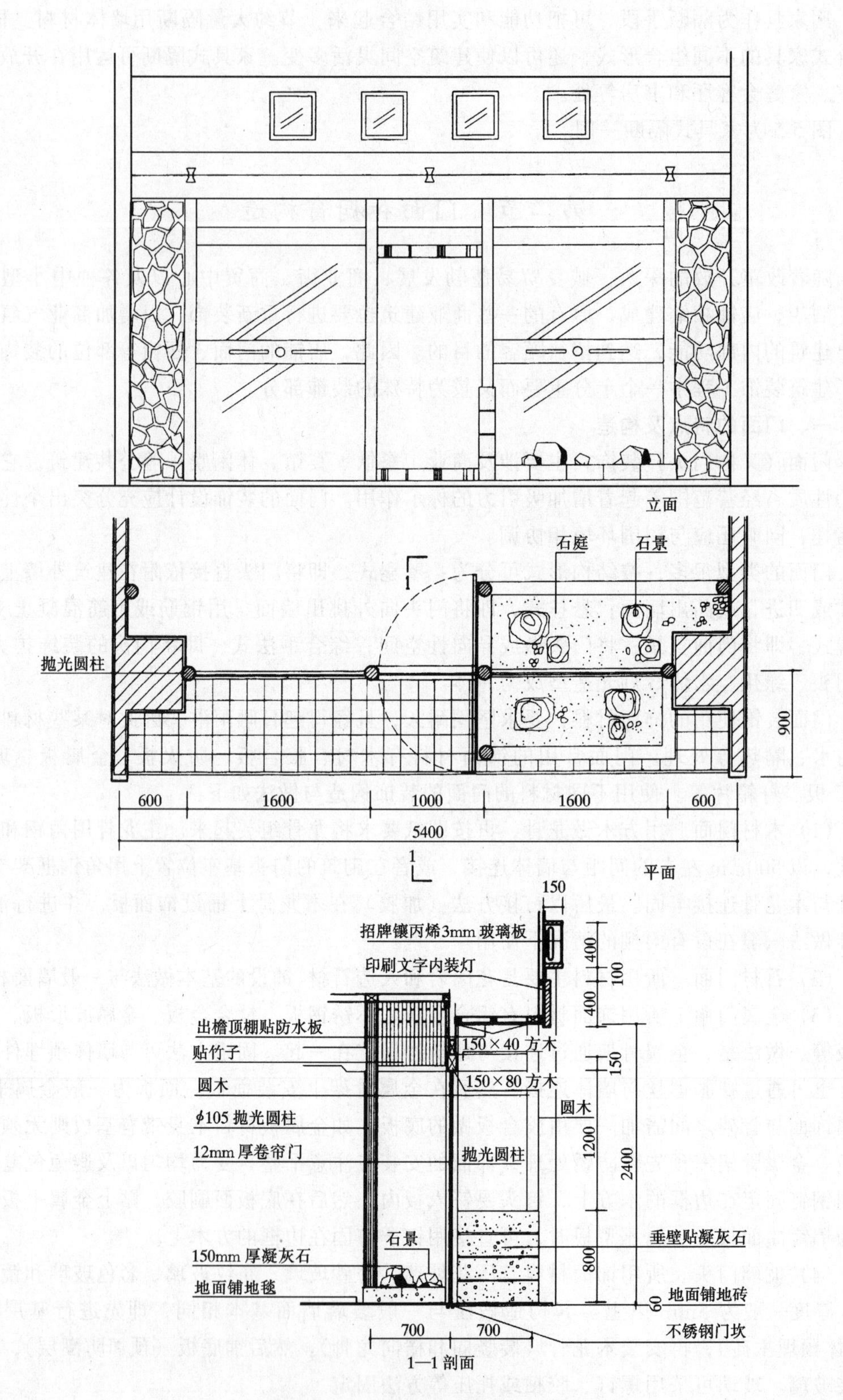

图 5-6　咖啡店门面装饰构造实例

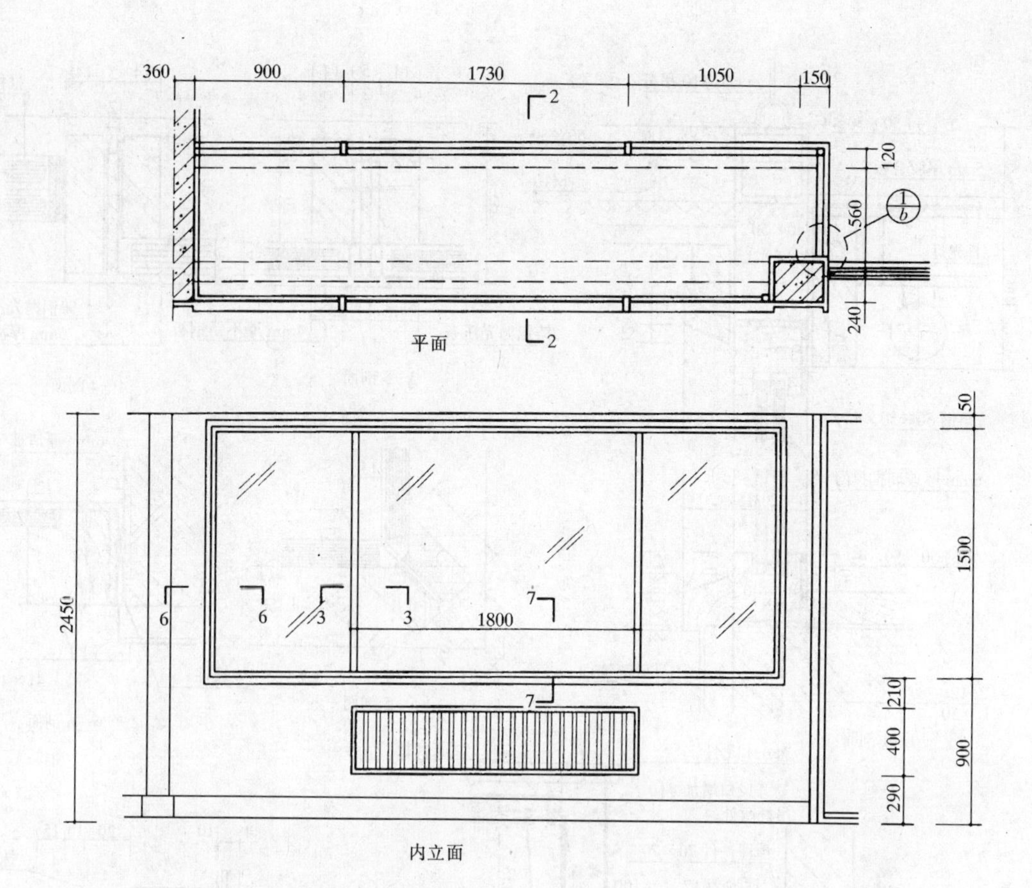

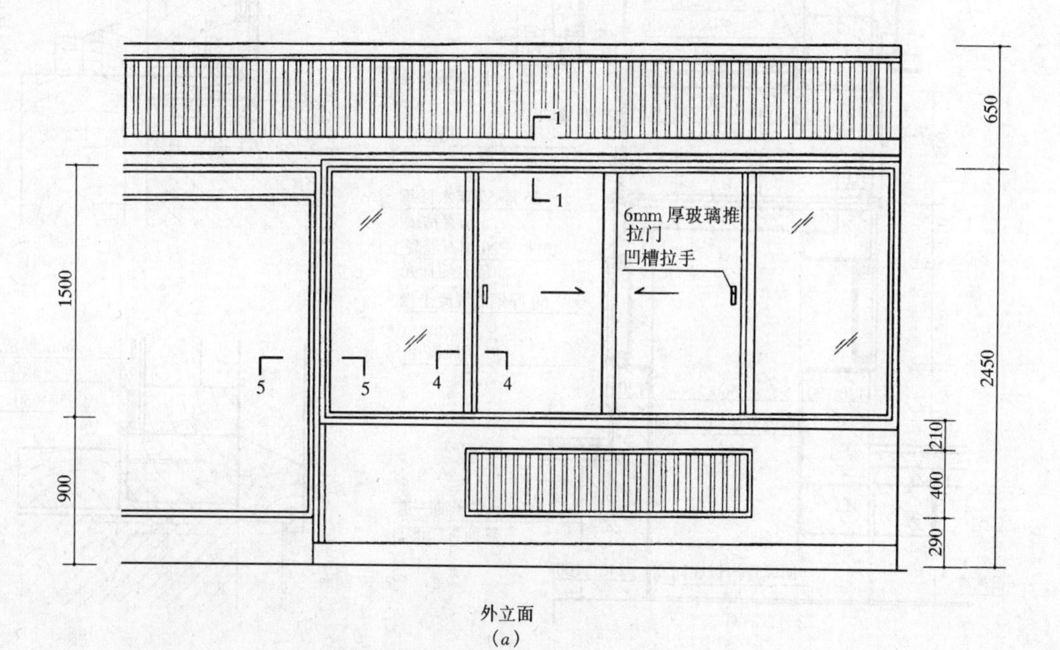

(*a*)

图 5-7 橱窗装饰构造（一）

（*a*）橱窗平面、内立面、外立面

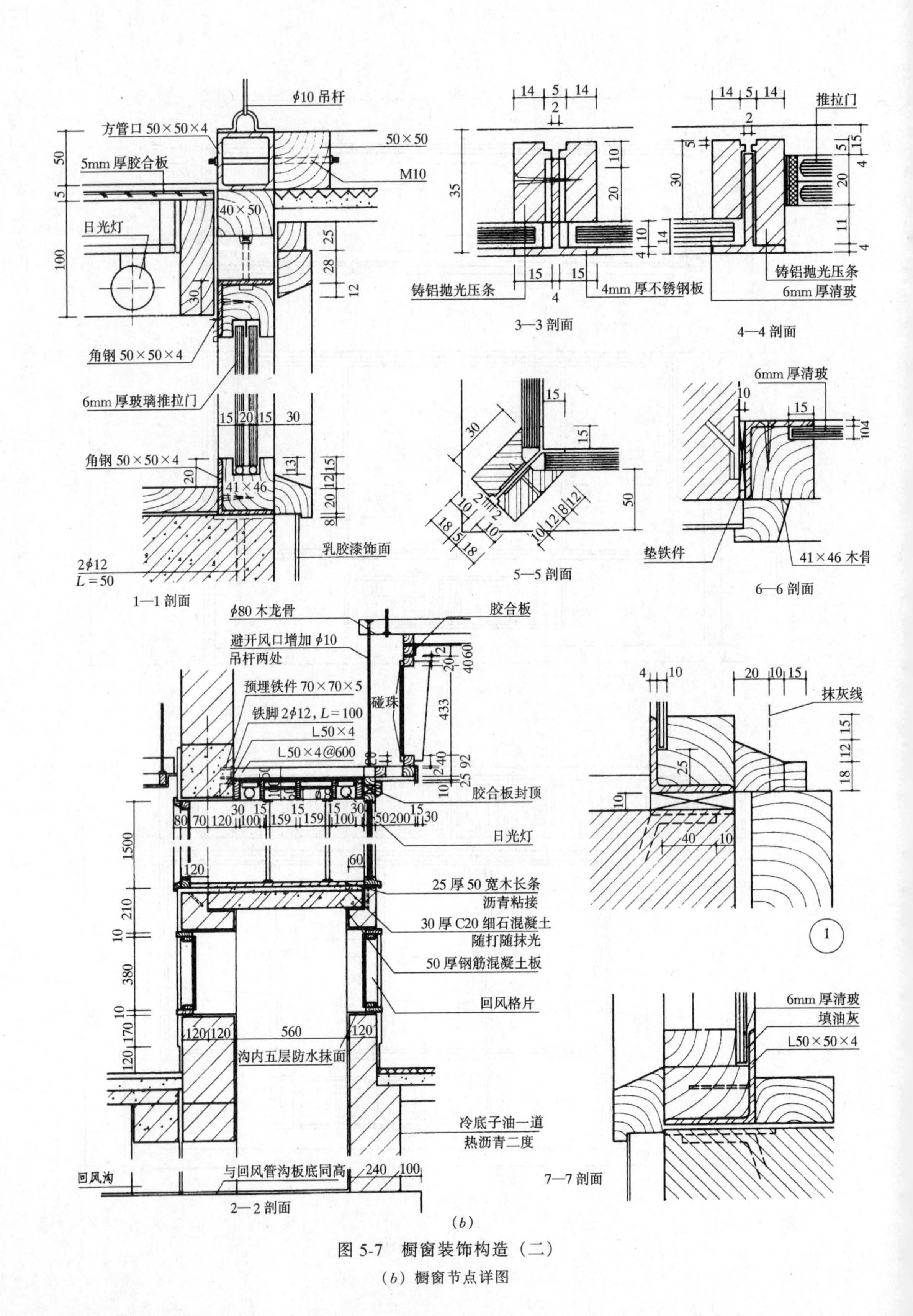

(b)

图 5-7 橱窗装饰构造（二）

(b) 橱窗节点详图

二、橱窗的特点及构造

橱窗是商业建筑用以展示商品的陈列空间。它应根据陈列物品的性质确定其构造形式。橱窗的尺寸选择，除了考虑陈列品本身尺寸以外，还应考虑视觉效果，因此，橱窗陈列品展览面高度以离地 800mm 为最佳，一般为 300～450mm，深度为 600～1200mm。

橱窗要考虑防雨、遮阳、通风、采光、橱窗玻璃对凝结水的处理以及灯光布置等问题。封闭式橱窗应设小门、小门尺寸一般为 700mm×1800mm，小门设在橱窗侧面为好。

橱窗主要由边框和玻璃两部分组成。框料一般为木、型钢、铝合金和不锈钢四种。玻璃一般采用 6mm 厚以上的普通玻璃。玻璃分块应按厂家生产规格设计，玻璃间连接一般采用平接。橱窗框的固定方法是：在钢筋混凝土柱和过梁内逐段预埋铁件，与窗框的铁件相焊接；或预埋螺母套管，然后将螺栓穿越窗框再旋牢，玻璃用木压条或塑料压条直接固定在橱窗的框料上。橱窗构造及节点做法如图 5-7 所示。

第三节 柜台、服务台和吧台的构造

一、柜台、服务台、吧台的特点和基本构造

柜台、服务台、吧台都是公共建筑中常设置的台类家具，它们是商业、服务业的服务人员用于接待顾客，同顾客进行交流的地方。一般设在引人注目的位置。所以它们的造型、色彩、质感都必须符合人体的基本尺度，同时应与室内整体环境协调统一。

二、基本构造

台类家具由台面、台身和台脚三部分组成，这三部分所用的材料可以是同类材料，也可以是非同类材料。台面常用木质材料或石材制成，台身、台脚一般为木质结构或砖石结构。石材台面与砖石台身之间一般用水泥砂浆进行连接。木结构台身的用料规格及连接方法与家具相同。

台类家具各部分的尺寸可参照表 5-1。

台类家具各部分尺寸（mm） **表 5-1**

项目	台面高	台面宽	台面长	内台面高度	前挡板高度	台脚高度
尺寸	1050～1100	850～900	≥1200	760～780	100～250	80～150

台类家具的具体尺寸应根据业务的性质、空间的大小以及经营的规模确定。

三、构造范例

1. 柜台

一般柜台有商品展览、商品挑选、服务人员与顾客交流等功能，所以柜台常用玻璃作面板，比较通透，骨架可采用木、铝合金、型钢、不锈钢等制作。一般高度为 950mm，台面宽根据经营商品的种类决定，普通百货柜为 600mm 左右。图 5-8 为柜台构造示意。

2. 服务台

服务台主要用作问询交流、接待、登记等，由于兼有书写功能，所以比一般柜台略高，约1100～1200mm。服务台总是处于大堂等显要位置，所以装饰档次也较高，所用的材料及构造作法必须考虑周全。图5-9为服务台构造示意。

3. 吧台

酒吧柜台是酒吧的中心，它的布置形式有直线形、转角形、圆形、U形等。吧台一般宽度为550～750mm，客人一侧高度为1100～1150mm，服务员一侧为750～800mm，吧台的长度按需要设计。图5-10为吧台构造示意。

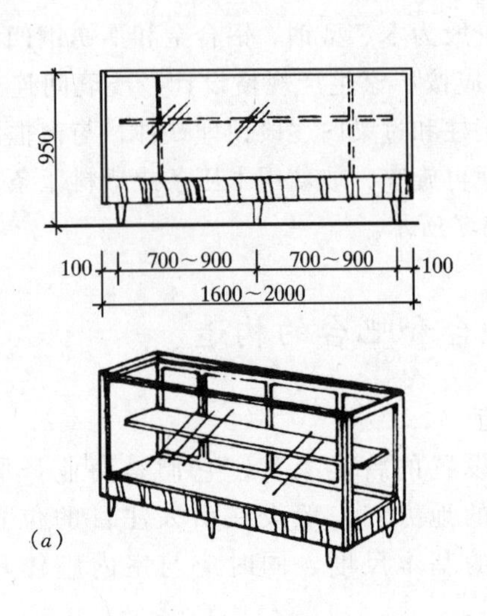

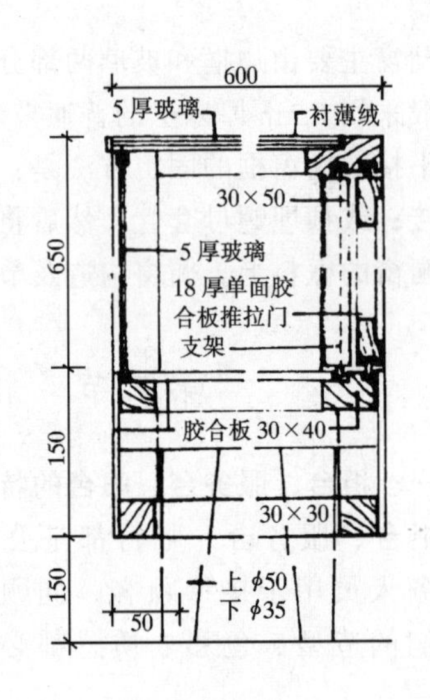

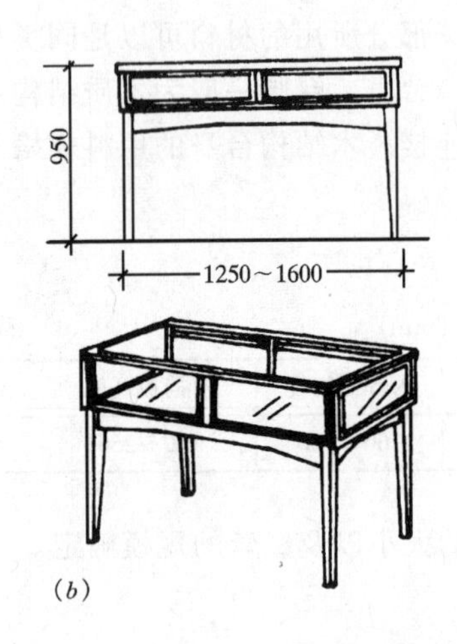

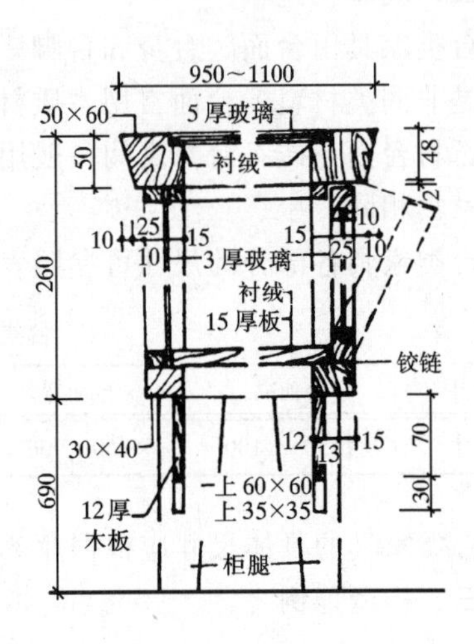

图5-8 柜台构造示意图

(a) 普通百货柜台；(b) 贵重小件物品柜台

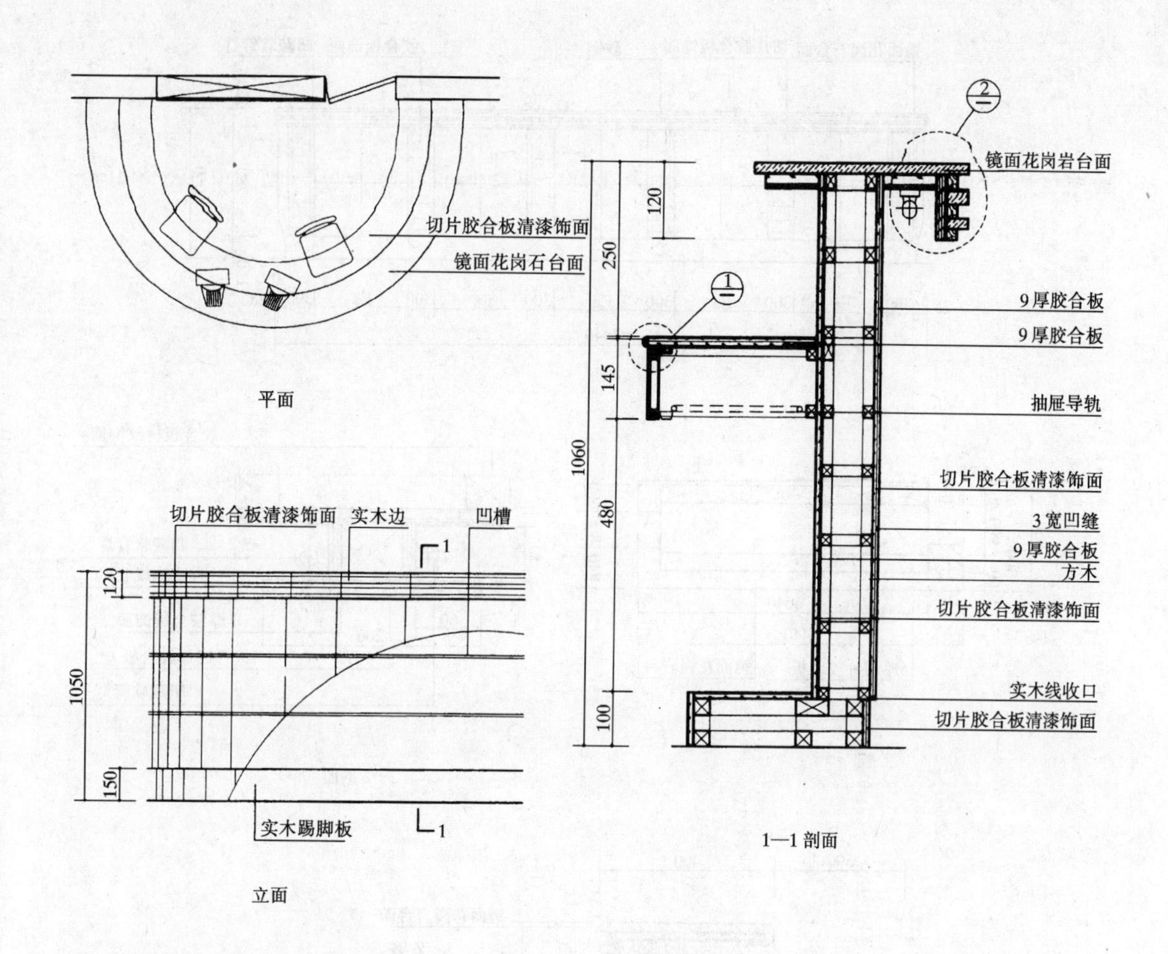
切片胶合板清漆饰面
镜面花岗石台面
平面
切片胶合板清漆饰面
实木边
凹槽
1
120
1050
150
实木踢脚板
1
立面
镜面花岗岩台面
120
250
145
1060
480
100
9厚胶合板
9厚胶合板
抽屉导轨
切片胶合板清漆饰面
3宽凹缝
9厚胶合板
方木
切片胶合板清漆饰面
实木线收口
切片胶合板清漆饰面
1—1剖面

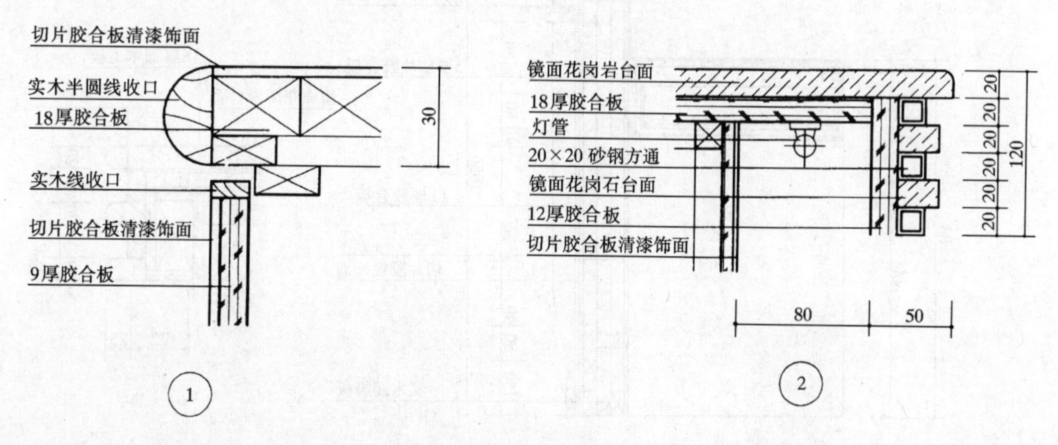
切片胶合板清漆饰面
实木半圆线收口
18厚胶合板
30
实木线收口
切片胶合板清漆饰面
9厚胶合板
镜面花岗岩台面
18厚胶合板
灯管
20×20砂钢方通
镜面花岗石台面
12厚胶合板
切片胶合板清漆饰面
20
20
20
20
20
20
120
80
50

图 5-9　服务台构造示意

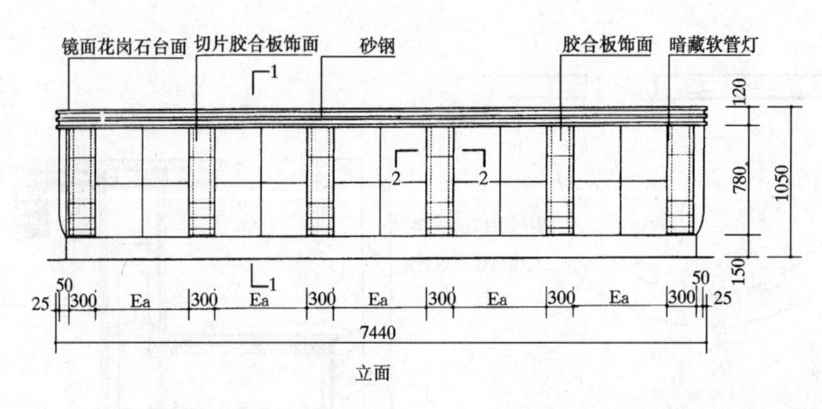

立面

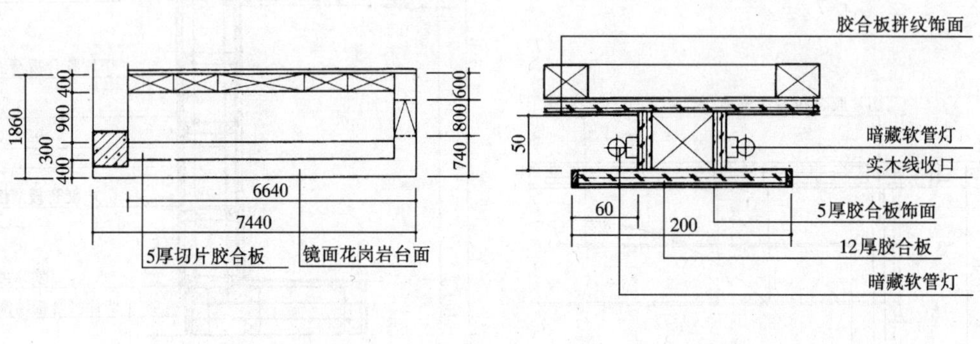

平面

2—2 剖面

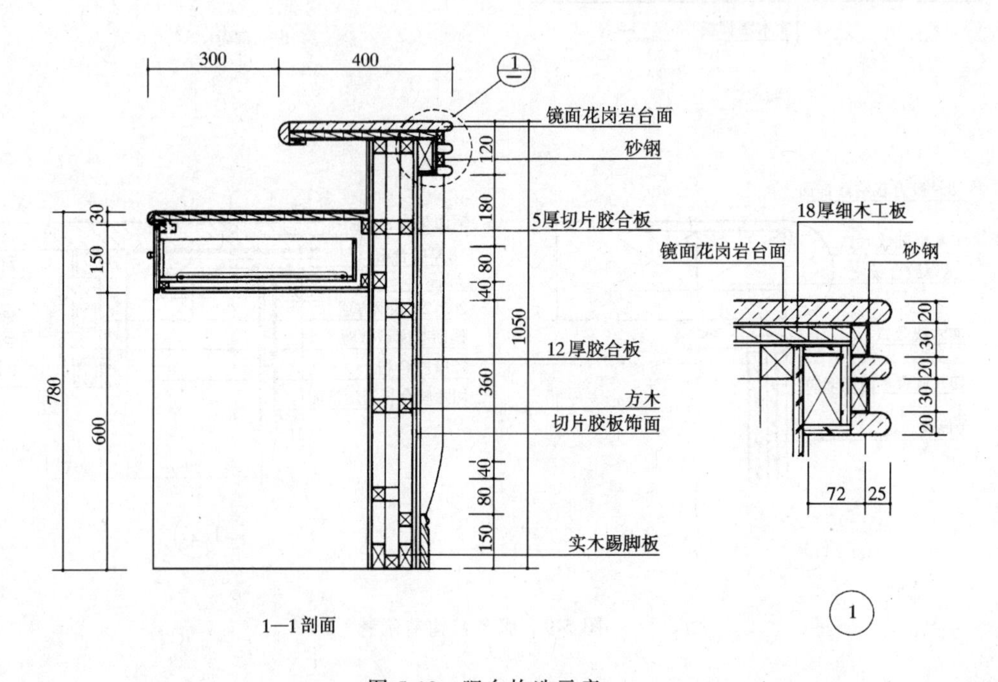

1—1 剖面

1

图 5-10　吧台构造示意

第四节　楼梯装饰构造

楼梯不仅是楼房建筑的垂直交通设施，而且是室内一个引人注目的装饰景点。楼梯的装饰内容主要有栏杆、栏板、扶手及踏步。其中栏杆、栏板和扶手是楼梯装饰内格、装饰样式和装修标准的集中表现。

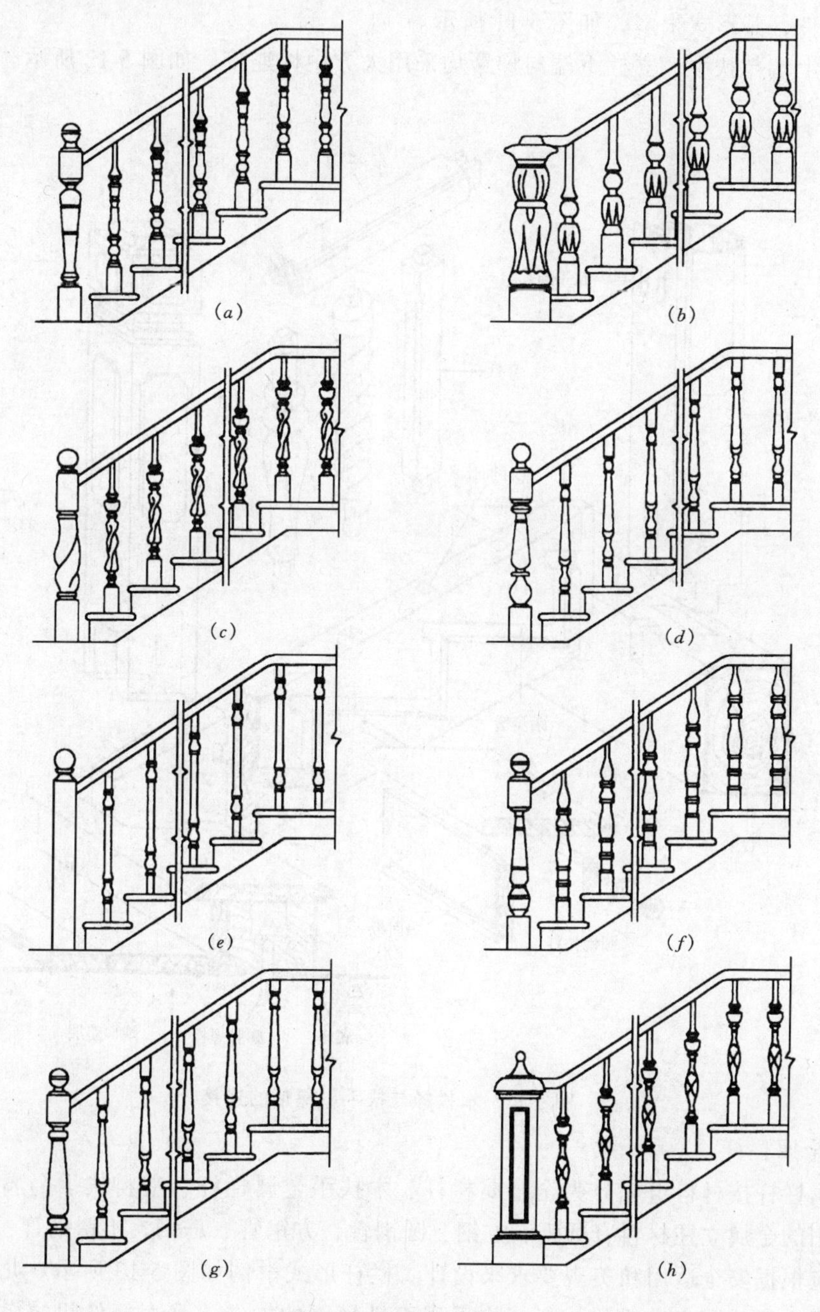

图 5-11　木栏杆形式

本书仅介绍栏杆、栏板及扶手的装饰构造。

一、楼梯栏杆、栏板的形式及构造

楼梯栏杆按材料分，有木栏杆、金属栏杆等。楼梯栏板中装饰性较强的主要为玻璃栏板。栏杆与栏板起着安全围护和装饰作用，因此既要求美观大方，又要求坚固耐久。

1. 木栏杆

栏杆由木扶手、车木立柱、梯帮三部分组成。车木立柱是木拦杆中起承力和装饰作用的主要构件，其形式很多，如图 5-11 所示。

立柱上端与扶手、立柱下端与梯帮均采用大方中榫连接。如图 5-12 所示。

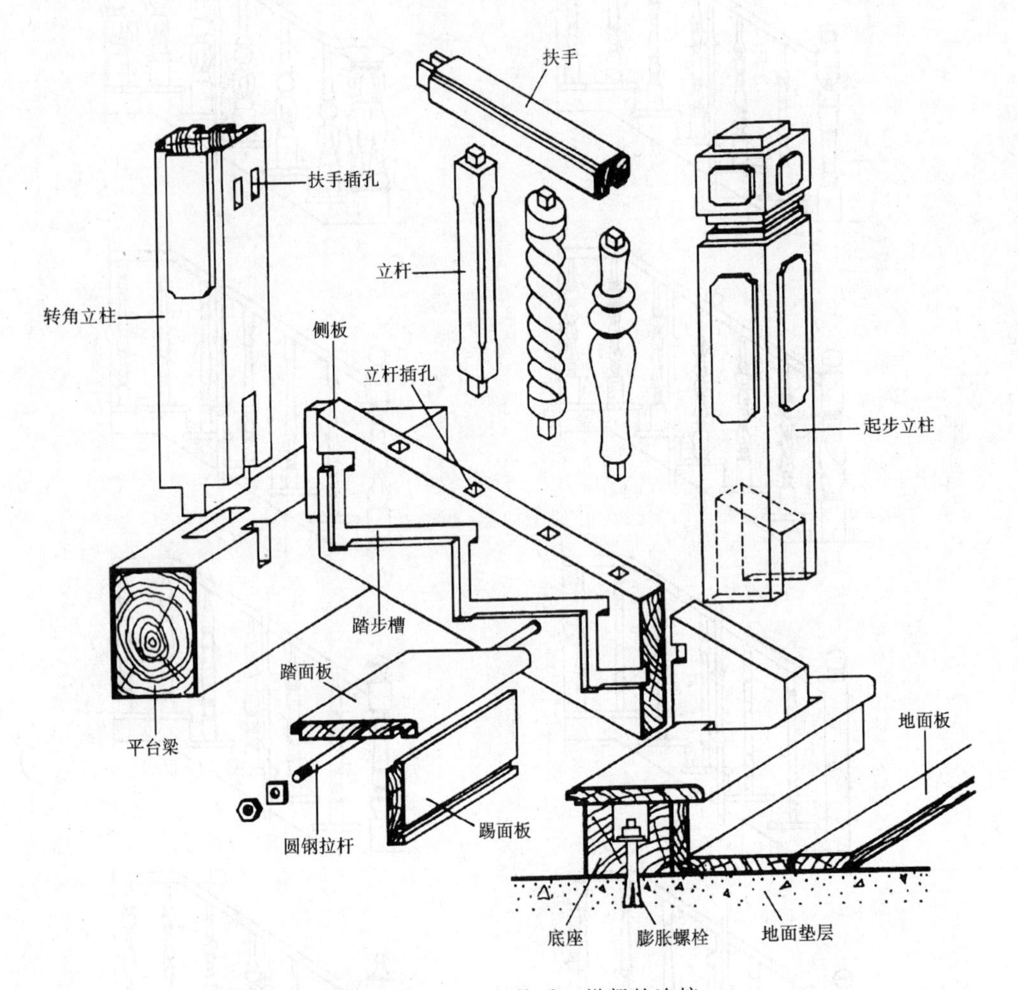

图 5-12　木栏杆与扶手、梯帮的连接

2. 金属栏杆

金属栏杆按材料组成分为全金属栏杆、木扶手金属栏杆、塑料扶手金属栏杆三种类型。常用的金属立柱材料有圆钢、方钢、圆钢管、方钢管、扁钢、不锈钢管、铜管等，栏杆式样应根据安全适用和美观要求来设计。栏杆形式举例如图 5-13 所示。儿童经常使用的楼梯，必须采取安全措施，栏杆应采用不易攀登的构造，垂直杆件间的净距不应大于 110mm，儿童扶手高度为 600～700mm，如图 5-14 所示。

图 5-13　金属栏杆形式

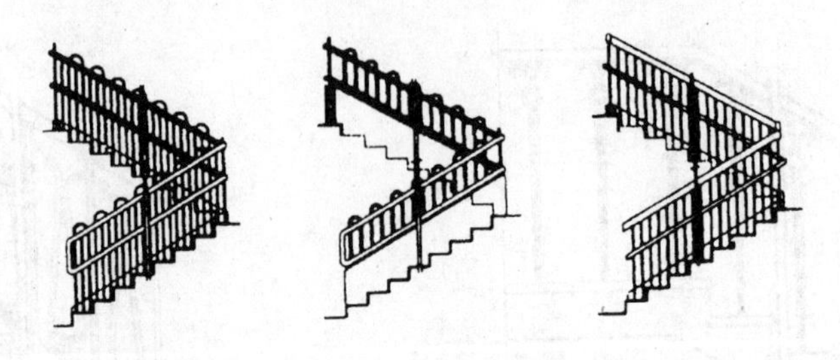

图 5-14　儿童栏杆形式

金属栏杆除了采用型材制作以外，还可以采用古典式铸铁件，与木扶手相配合，从而获得古朴典雅的装饰效果。如图 5-15 所示。

金属栏杆与踏步的连接方式有多种，可采用焊接的方式，将金属栏杆与踏步内的预埋铁件进行焊接，预埋铁件一般采用钢板，其厚度不应小于 6mm，锚固深度不应小于 80mm；也可采用预留孔洞的方式，将金属栏杆插入预留孔洞内，预留孔洞深为 100mm，再用干硬性水泥砂浆灌实，或者采用钢质膨胀螺栓固定。栏杆与踏步的连接如图 5-16 所示。

3. 玻璃栏板

楼梯玻璃栏板通常用厚度为 10mm 以上平板玻璃或钢化玻璃、夹丝玻璃制成。玻璃栏板的构造类型有两种：一是全玻璃结构，即不设金属立柱，玻璃栏板代替立柱，起立柱的支承力作用。二是玻璃与金属管立柱、扶手相结合结构，即将玻璃装嵌在两金属立柱之间。玻璃栏板形式如图 5-17 所示。

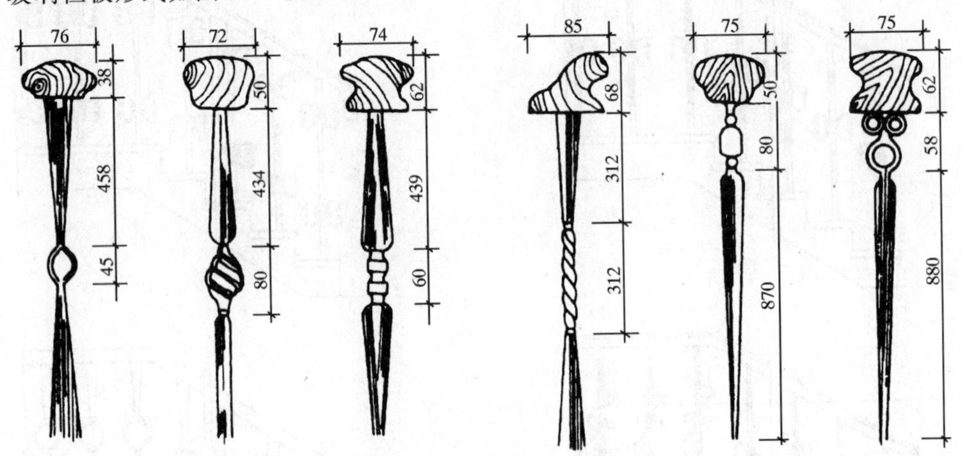

图 5-15　铸铁栏杆形式

当采用全玻璃结构时，扶手是玻璃栏板的收口，所以扶手的造型和材质应满足与栏板的连接要求。目前扶手常用的材料有不锈钢管、抛光黄铜管、镀铜钢管等，连接方法一般用胶接。玻璃栏板与扶手、踏步的连接如图 5-18。

二、扶手的形式与构造

楼梯栏杆或栏板顶部的扶手，其材料要求表面光滑、手感好、美观、坚固耐久。扶手要沿楼梯段及平台全长设置。扶手常用的材料有木材、钢管、不锈钢管、铝合金、塑料等。扶手的形式与构造见图 5-19 所示。

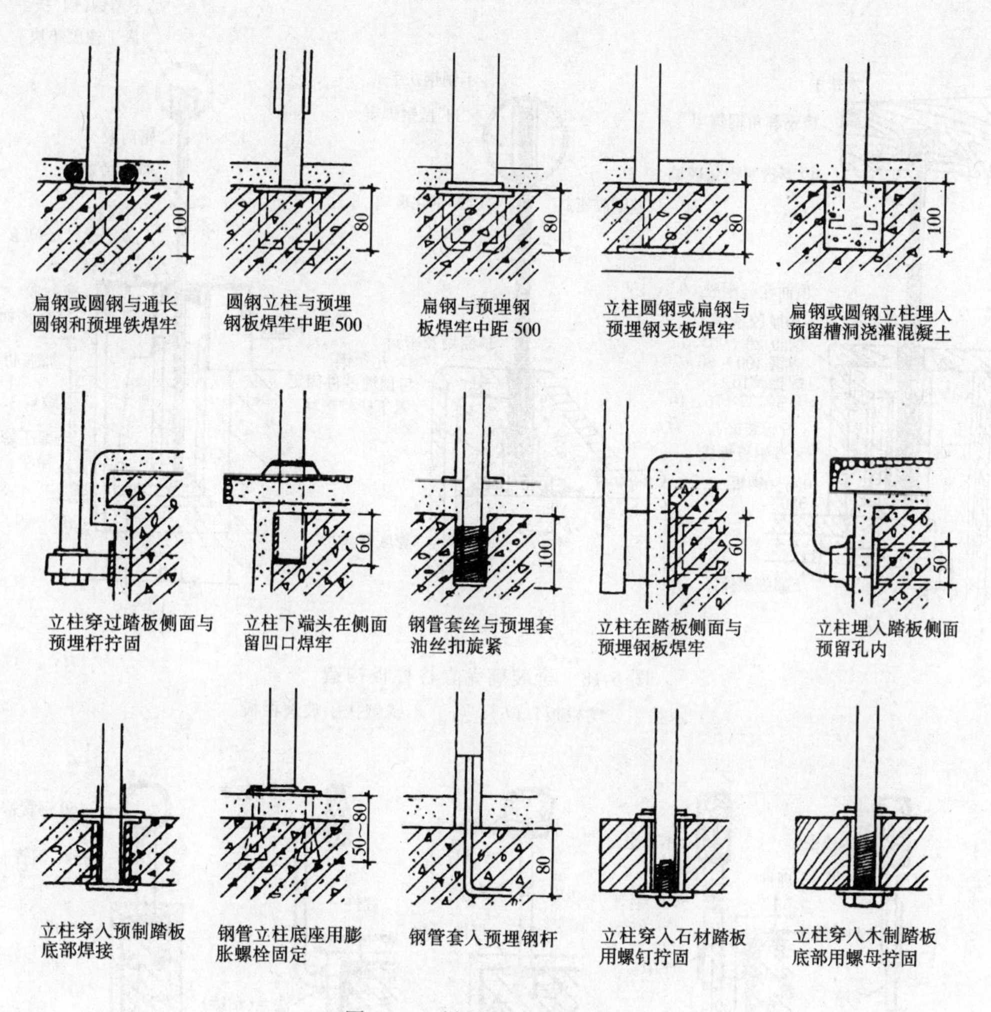

图 5-16　栏杆与踏步的连接

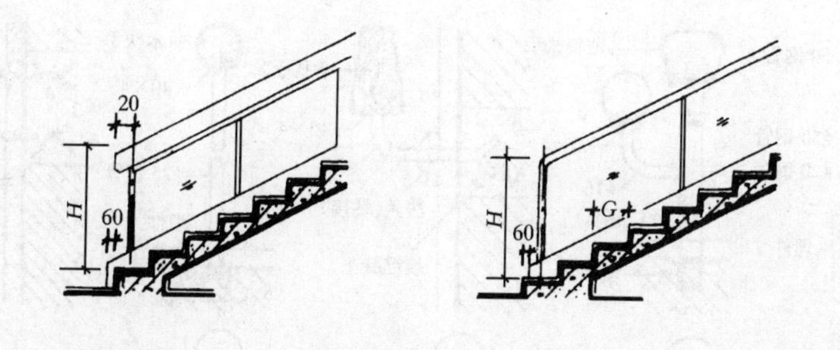

图 5-17　玻璃栏板形式

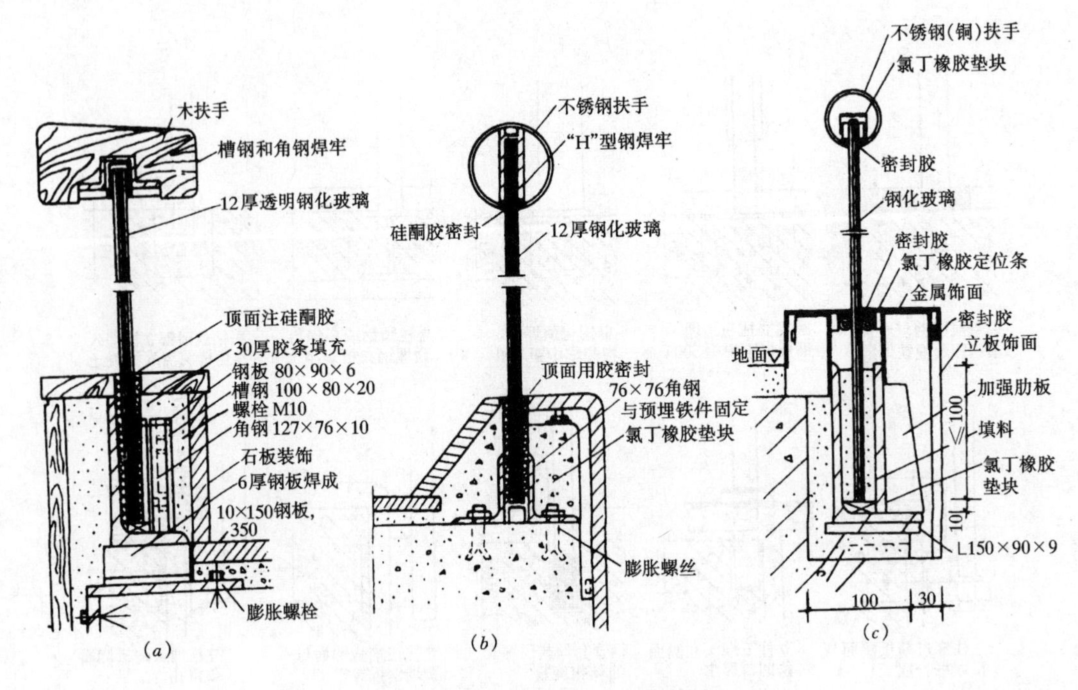

图 5-18　全玻璃无立柱栏板构造

(a) 木扶手玻璃栏板；(b)、(c) 不锈钢扶手玻璃栏板

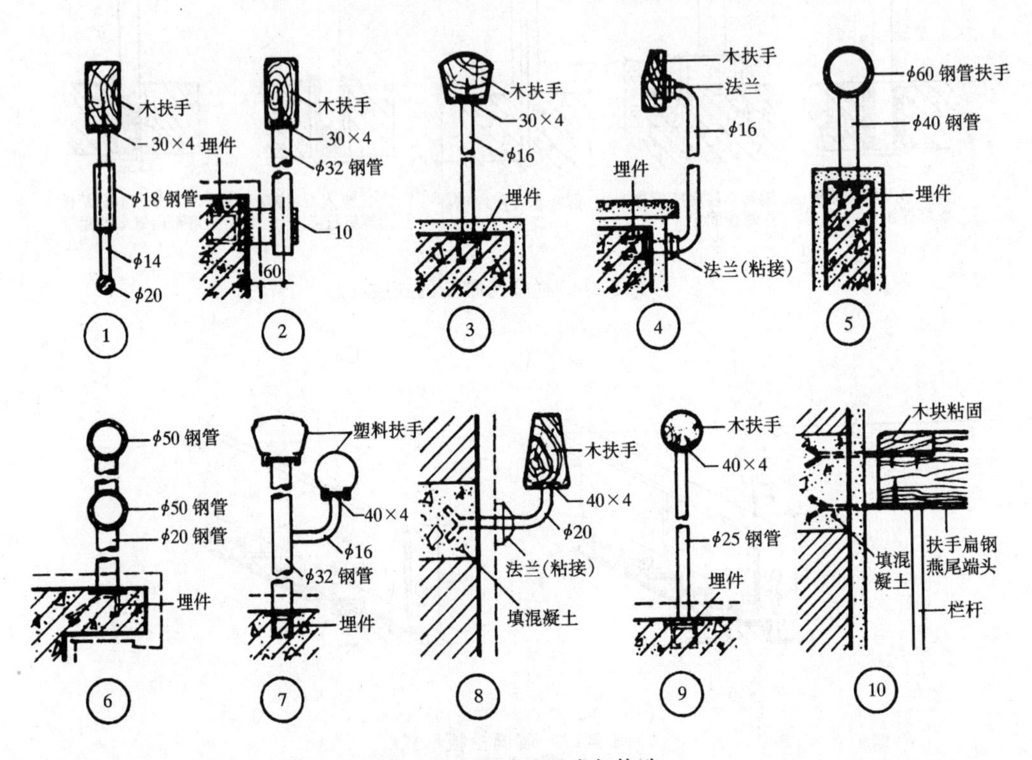

图 5-19　扶手的形式与构造

思考题与习题

5-1　隔断有何特点？有哪几种类型？

5-2　用图说明不锈钢框架玻璃隔断各连接节点的构造做法。

5-3　门面装饰使用的饰面材料有哪些要求？常用的饰面材料有哪些？

5-4　橱窗主要有哪些部分组成？其所用材料一般有哪些？

5-5　橱窗的尺寸有何要求？橱窗构造要考虑哪些问题？其构造如何？

5-6　台类家具由哪几部分组成？各部分尺寸应根据什么确定？

5-7　柜台、服务台、吧台的构造如何？

5-8　楼梯栏杆可采用哪些材料制作？这些材料各有哪些装饰特点？

5-9　玻璃栏板的构造有几种类型？玻璃与其他构件是如何连接的？

5-10　完成某星级宾馆大堂楼梯的装饰构造设计。该楼梯为钢筋混凝土楼梯，栏杆或栏板，扶手所用材料学生自定。设计内容及要求如下：

1. 画出栏杆或栏板立面图。

2. 画出栏杆或栏板与扶手、踏步连接节点大样。

3. 比例自定。

4. 用3号图纸，上墨完成。图纸应按国家制图标准绘制。

第六章　特殊装饰构造

第一节　幕墙装饰构造

幕墙是以板材形式悬挂于主体结构上的外围护结构，形似挂幕而得名。

一、幕墙的特点

幕墙是建筑物外围护结构的一种形式。它具有装饰效果好、重量轻、安装速度快、工期短、维修方便等优点。当然，幕墙也存在不足，如价格昂贵、材料及施工技术要求高、易产生光污染、能耗较大等。但这些问题正随着科学技术和工业的发展而逐步克服、减少。

二、幕墙的组成及材料

幕墙按饰面材料可分为玻璃幕墙、金属薄板幕墙、混凝土挂板幕墙、石材幕墙等。按其构造方式可分为有框幕墙和无框幕墙两大类。有框幕墙结构的主要组成部分如图 6-1 所示。

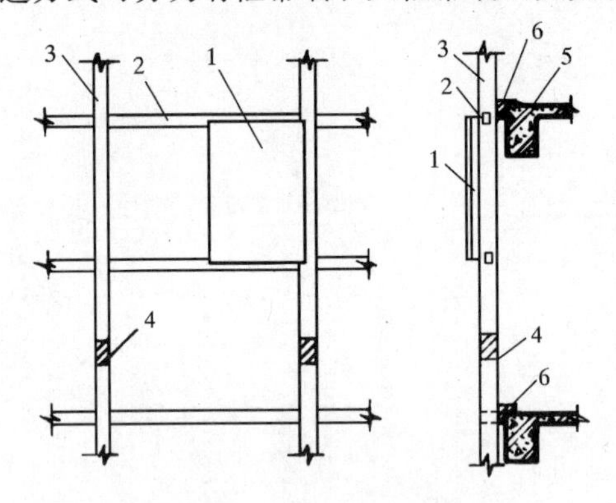

图 6-1　幕墙组成示意图

1—幕墙构件；2—横档；3—竖梃；4—竖梃活动接头；5—主体结构；6—竖梃悬挂点

幕墙材料是保证幕墙质量和安全的物质基础。概括起来有四大类，即：骨架材料、饰面板、封闭材料和粘结材料。

骨架材料由型材骨架、紧固件和连接件组成。其中型材骨架有各类型钢（多为角钢、钢管、槽钢等）、铝合金、不锈钢型材。现在大多采用铝合金型材。铝合金型材主要有竖梃、横档及附框料等类型。如图 6-2 中所示。

饰面板主要有玻璃、铝板、不锈钢和石板。其中玻璃品种主要为热反射玻璃，其他还有吸热玻璃、夹层玻璃、夹丝玻璃、中空玻璃、钢化玻璃等。铝板常用的有单层铝板、复合铝板、蜂窝铝板三种。幕墙所用不锈钢板一般为 0.2～2mm 厚不锈钢薄板冲压成槽形镜板，一般均需在板背面设加劲肋以加强板的刚度。石板幕墙所用石材是天然的大理石和花岗石。

封闭材料，是用于玻璃幕墙的玻璃装配及块与块之间缝隙处理的材料。一般是由填充材料、密封材料、防水密封材料组成。

粘结材料主要是用于将隐框幕墙的玻璃粘结在骨架上。

三、幕墙的结构类型

1. 型钢骨架结构体系

这种结构体系是以型钢做幕墙的骨架，将饰面板（如铝板）等固定在骨架上。

2. 铝合金明框结构体系

这种结构是以特殊断面的铝合金型材做幕墙的框架，饰面板镶嵌在框架的凹槽内。

3. 铝合金隐框结构体系

隐框幕墙的框架结构不暴露或不全暴露在幕墙饰面的外面，根据框架结构暴露的程度可分为：全隐框结构体系、横隐竖不隐结构体系、竖隐横不隐结构体系三种。

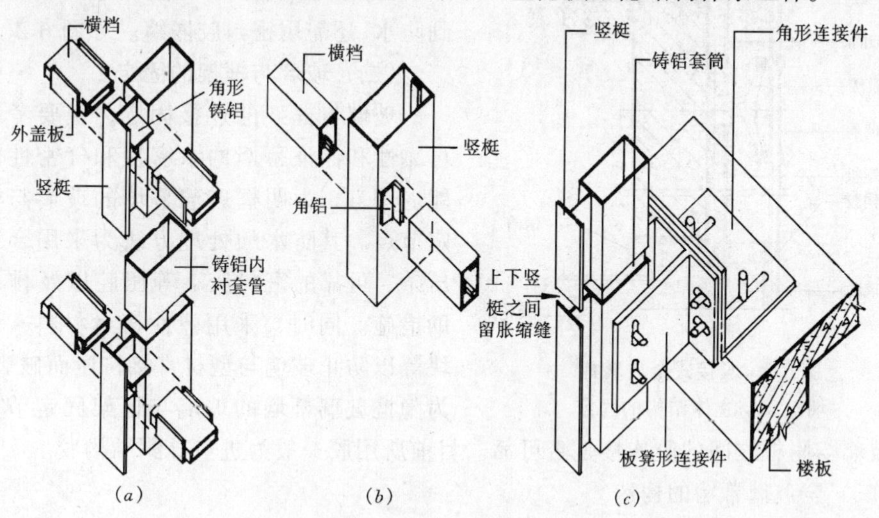

图 6-2　幕墙铝框连接构造

(a) 竖梃与横档的连接（用于明框）；(b) 竖梃与横档的连接（用于隐框）；(c) 竖梃与楼板的连接

4 无框架结构体系

这类幕墙的面板既是饰面构件，又是承重构件。目前主要应用于无框玻璃幕墙。这类玻璃幕墙采用通长的大块玻璃，因此通透感更强。主要有支承式、吊挂式、驳接式三种。

四、幕墙的构造

幕墙的细部构造因幕墙结构不同而异，以下仅就玻璃幕墙的一般构造介绍如下：

(一) 幕墙铝框连接构造

铝合金玻璃幕墙无论是明框还是隐框都有铝框。要使幕墙使用安全可靠，就必须保证框与主体结构保持可靠连接，同时框本身之间也应有可靠合理的连接。通常是将框架的竖框固定在主体结构上。固定方式多用两片角钢或夹具与主体结构相连，见图 6-2 (c)。铝框的竖梃与横档通过角形铝铸件或专用铝型材连接，铝角与竖梃、铝角与横档均用螺栓固

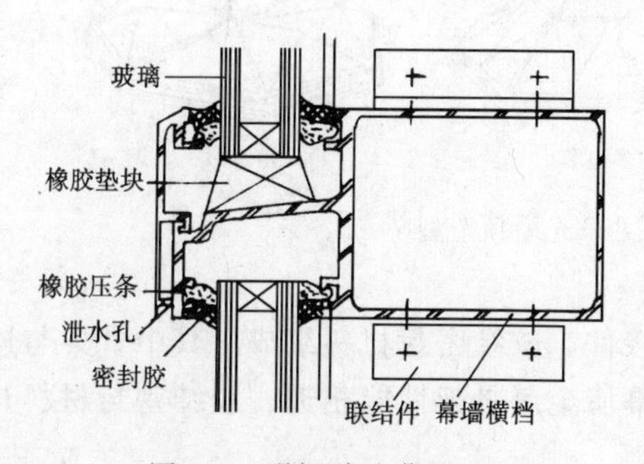

图 6-3　明框玻璃幕墙玻璃与横档的固定

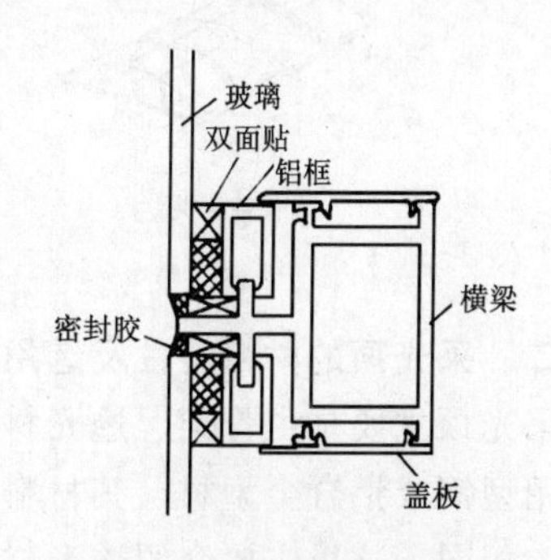

图 6-4　隐框玻璃幕墙玻璃与框架的固定

定，见图 6-2(a)、(b)所示。相邻层间的竖梃需要通过套筒来连接，竖梃与竖梃之间应留有 15～20mm 的空隙，以解决金属的热胀问题。考虑到防水，还需用密封胶嵌缝。如图 6-2(c)所示。

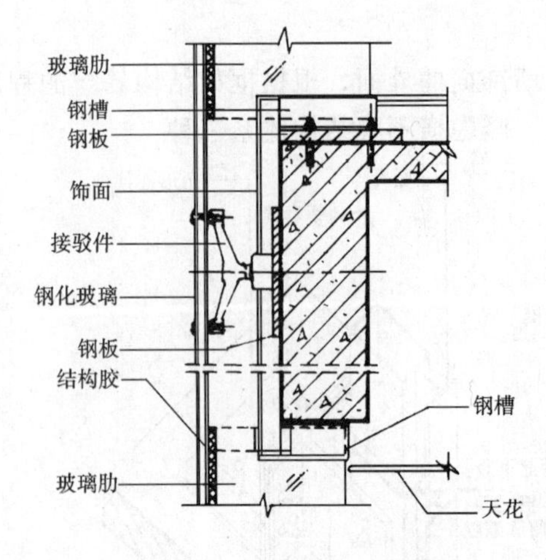

图 6-5 驳接式全玻璃幕墙玻璃与主体结构的固定

（二）玻璃与框架的固定

玻璃与框架的连接固定，主要考虑连接的可靠性和保证幕墙的水密性和气密性等使用功能。图 6-3 为明框玻璃幕墙的玻璃与框架的固定节点。其防水的处理方法为采用合适的圆胶压条、可靠的密封胶、等压腔以及排水孔等辅助措施。同时，采用弹性密封材料，设橡胶垫块等以防止玻璃与型材直接挤压而破裂。图 6-4 为隐框玻璃幕墙的玻璃与框架固定节点，其关键是玻璃与附框之间的胶连接是否可靠。目前所用胶一般为进口硅酮结构胶。

（三）全玻璃幕墙的构造

全玻璃幕墙主要有悬挂式、支承式和驳接式。图 6-5 为驳接式全玻璃幕墙玻璃与主体结构固定节点。玻璃与主体的连接是通过接驳件来完成的。

第二节 采光顶装饰构造

近年来，在许多新颖建筑的中庭和入口雨篷、人行天桥、室外自动扶梯的上面都采用采光顶。采光顶是指建筑物的屋顶、雨篷等的全部或部分材料被玻璃、塑料、玻璃钢等透光材料所取代，从而形成的具有装饰和采光功能的建筑顶部结构构件。

一、采光顶饰面的特点

首先，采光顶能节约能源。采光顶可以为人们提供自然采光，减少人工照明，同时通过温室效应降低采暖费用。当然也会因加大热耗而增加费用，好的设计是可以解决这个问题的。其次，采光顶造型丰富多彩，大大增强了建筑物的艺术感染力。再者，采光顶具有遮风避雨的庇护功能。图 6-6 是常见的采光顶造型。

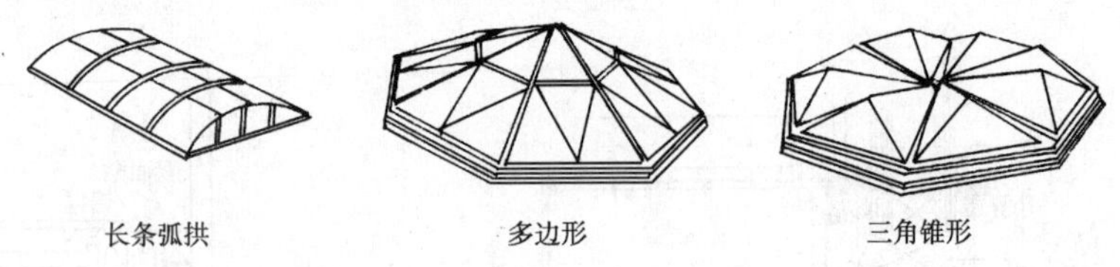

图 6-6 常见采光屋顶造型

二、采光顶的材料特性及选用

采光顶主要是由骨架、透光材料、连接件、胶结密封材料组成。其中骨架与连接件通常采用型钢或铝合金型材，其材料性能与幕墙金属骨架性能相近，胶结密封材料与幕墙所用基本相同。这里主要介绍透光材料。

采光顶的透光材料应具有足够的安全性、良好的透光性能和耐久性。常用以下几种：

1．夹层安全玻璃（夹胶玻璃）

这种玻璃被击碎后能借助于中间塑料层的粘合作用，仅产生辐射状的裂纹而不会脱落。

2．聚碳酸酯片（透明塑料片）

这是一种坚韧的热塑性塑料，具有和玻璃相似的透光性能，而且它的耐冲击性能是玻璃的 250 倍，保温性能亦优于玻璃，并能冷弯成型。但其耐磨性较差，时间久了易老化变黄，从而影响到其他各项性能。通常用于走廊和人行天桥上部。

3．丙烯酸酯有机玻璃

这种有机玻璃的特性与聚碳酸酯片相似。通常可采用热压成型和压延工艺制成穹形、拱形或方锥形等标准单元罩，然后再拼装成复合型的各种采光顶，具有较高的抗冲击能力，水密性和气密性均好，安装维修方便。

4．玻璃钢（加筋纤维玻璃）

玻璃钢强度大、耐磨损、半透明。有平板、弧形、波形等品种。

三、采光顶构造设计要求

采光顶的构造设计应满足以下要求：采光顶应有良好的安全性能；采光顶应防止冷凝水对室内的影响；采光顶应有良好的防水性能；采光顶应防止眩光对室内的影响；采光顶应满足防火的要求；采光顶应满足防雷要求。

四、采光顶的细部构造

1．采光顶的骨架的布置

用采光罩作玻璃采光面时，采光罩本身具有足够的强度和刚度，不需要用骨架加强，只要直接将采光罩安装在采光顶的承重结构上即可。而其他形式的采光顶则是由若干玻璃拼接而成，所以必须设置骨架。骨架的布置，一般需根据采光顶的造型、平面及剖面尺寸、透光材料的尺寸等因素来确定。图 6-7 为几种常见造型玻璃顶的骨架布置图。

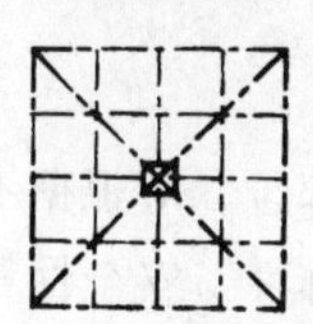
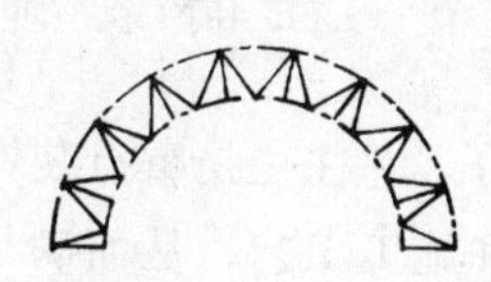
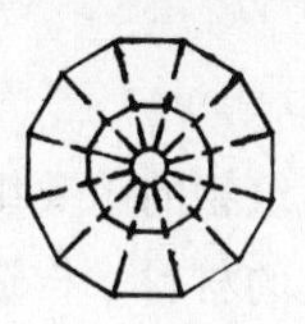

图 6-7　几种常见造型玻璃顶骨架布置图

2．采光顶的各部分连接构造

采光顶的骨架之间及骨架与主体结构间的连接，一般要采用专用连接件。无专用连接件时，应根据连接所处位置进行专门的设计，一般采用型钢与钢板加工制作而成，并且要求镀锌。连接螺栓、螺钉应采用不锈钢材料。图 6-8 为采光顶骨架连接固定示意图。

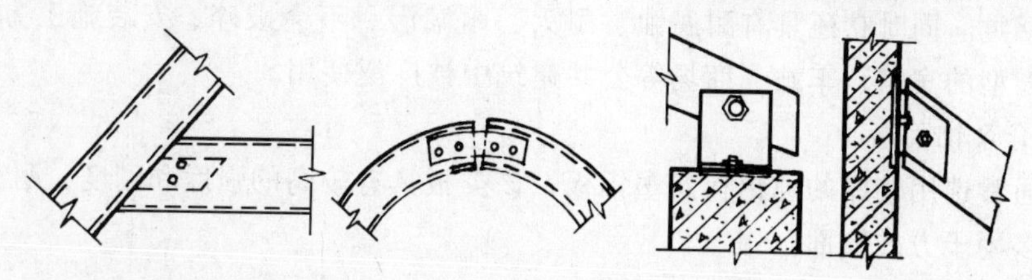

图 6-8　采光顶骨架连接固定示意图

骨架一般采用铝合金或型钢制作。骨架的断面形式应适合玻璃的安装固定，要便于进行密封防水处理，要考虑积存和排除玻璃表面的凝结水，断面要细小不挡光。可以用专门轧制的型钢来作骨架，但钢骨架易锈蚀，不便于维修，现在多采用铝合金骨架，它可以挤压成任意断面形状，轻巧美观、挡光少、安装方便、防水密封性好、不易被腐蚀。图6-9所示为各种金属骨架断面形式及其与玻璃连接的构造。

3. 采光顶的排水处理

当采光顶面积较小时，采光顶顶部的雨水可以顺坡排至旁边的屋面，由屋面排水系统统一排走。当采光顶面积较大或者由于其他原因不便将水排至旁边屋面时，可以设置天沟将雨水汇往屋面或用单独的水落口和水落管排出。冷凝水由带排水槽的金属骨架排向天沟，再由天沟排走。图6-9（*a*）所示为某建筑的采光顶，它由主骨架型材和横向型材组成，型材上设有积水槽，玻璃上的凝结水先流到横向型材的槽内，再流入主骨架的积水槽中，最后导入边框的总槽沟内由泄水孔排出。

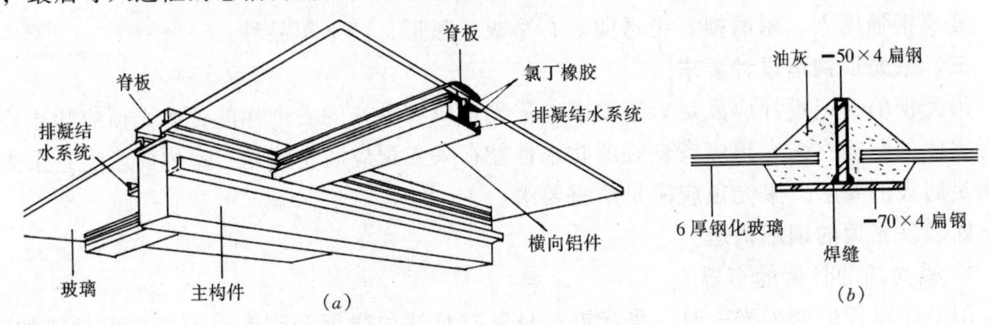

图6-9　采光顶构造及排水系统

（*a*）某建筑采光顶构造及排水系统；（*b*）金属骨架与玻璃的连接

第三节　柱面装饰构造

柱子是建筑物的重要组成部分。它往往是重点装饰的部位，应根据不同的使用和装饰要求选择相应的材料、构造方法和施工工艺，从而满足装饰性、安全性等的要求。

一、柱面材料特性

柱面装饰所用材料与墙体饰面所用材料基本相似。本节只介绍金属包柱所用的几种金属材料及其特性，具体如下：

1. 不锈钢饰面板

包柱经常用镜面不锈钢板，其最大特点是光亮如镜，所以装饰效果特别强，给人以相当豪华的感觉。同时它还具有耐腐蚀、耐火、耐潮湿、不会破碎、安装施工方便等特点。因此，在大型的宾馆、车站、商场等公共建筑中被广泛使用。

2. 铝合金饰面板

包柱通常选用较厚的纯铝板及塑铝板，该类板具有较高的强度和刚度，耐久性好，便于加工。多用于方柱饰面。

3. 铜合金饰面板

铜合金饰面板的可加工性好，切削、制作成型均比较方便，通过不同的工艺，可加工获得镜面、布面、纱面、腐蚀面等不同的装饰效果。

4. 钛合金饰面板

钛合金饰面板实际上是将钛合金镀在不锈钢等基层材料的表面，使基材表面达到金光灿烂、雍容华贵的装饰效果。该类板材具有超硬强度、耐磨、不掉色的特点。

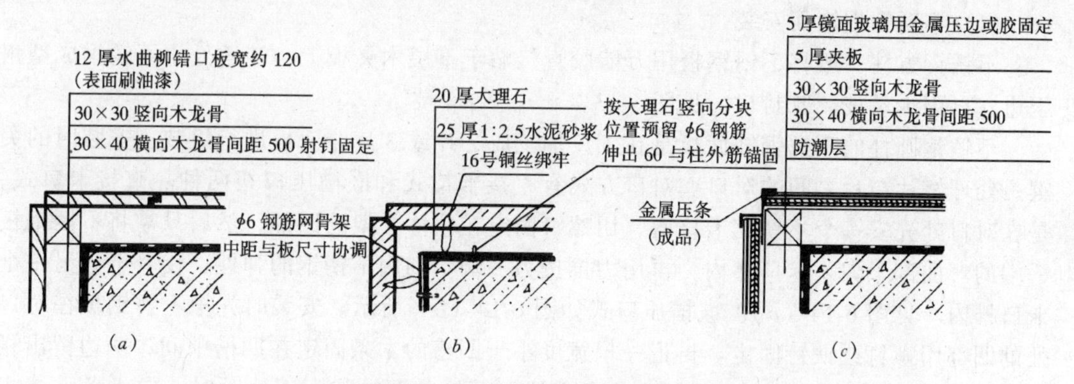

图 6-10　常见柱面装饰构造

(a) 企口木板贴面；(b) 大理石贴面；(c) 玻璃镜贴面

二、柱面装饰的基本构造

(一) 常见柱面的基本构造

大部分柱面的装饰构造与墙面基本类似。图 6-10 介绍了几种常见的柱面的构造做法。

(二) 造型柱的基本构造

这里的造型柱是指因造型需要将原结构柱装饰成一定形状和尺寸的柱子。通常是将方柱包成圆柱，或将小断面柱包成大断面柱。该类包柱饰面的基本构造主要包括以下几个部分。

1. 基层骨架

包柱需要先制成包柱骨架，然后拼成所需要的形状。骨架材料多为木和钢两种。木骨架一般采用 40mm×40mm 的木方，通过加胶钉接或榫槽连接成框体。骨架与柱子通过支撑木连接。如图 6-11 所示。铁骨架通常用 L50×50 的角钢焊接而成，圆形骨架的横向龙骨可用扁铁代替。图 6-12 所示为空心石板圆柱的构造图，其骨架为钢结构。

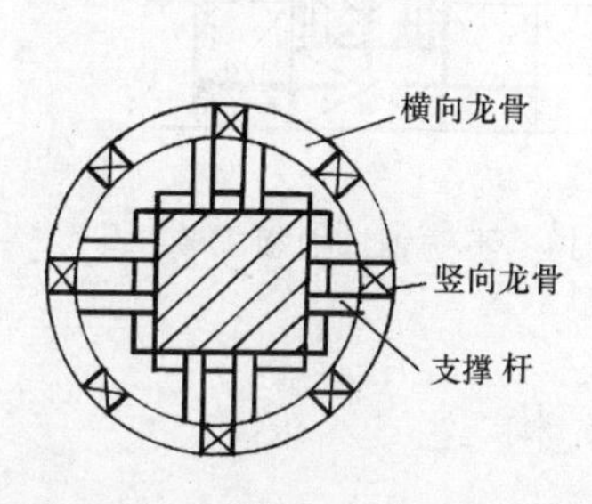

图 6-11　装饰圆柱的木龙骨

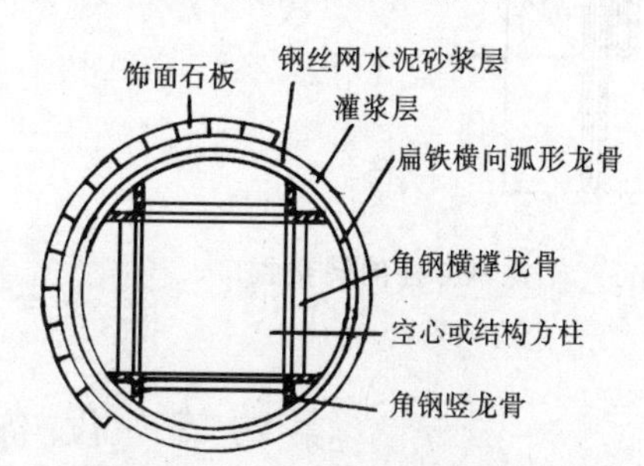

图 6-12　镶贴石板圆柱

2. 饰面基层板

设置基层板的目的是为了增加饰面骨架的刚度，便于粘贴面层板。基层板通常用胶合板加工而成。对于圆柱一般选择弯曲性较好的薄三夹板，围贴时在木骨架的外面刷胶液后，再钉牢。

3. 饰面板

造型柱的饰面板主要有金属、石材、木饰面板等。下面介绍几种常见的饰面板安装方法。

(1) 不锈钢板饰面安装

不锈钢方柱一般将不锈钢板用万能胶直接贴于基层木夹板上，转角处用不锈钢成型角压边，再用少量玻璃胶封口。见图 6-13。

不锈钢圆柱的不锈钢饰面板是在工厂加工成 2 片或 3 片曲面板进行组装。安装时的关键是处理好片与片之间的对口。对口方式有直接卡口式和嵌槽压口式两种。直接卡口式，是在对口处先安一个不锈钢卡口槽，用螺钉固定在柱体骨架的凹部，然后只需将不锈钢板一端的弯曲部，勾入卡口槽内，再用力推按另一端，利用不锈钢的弹性，使其卡入另一个卡口槽内。见图 6-14（*a*）。嵌槽压口式如图 6-14（*b*）所示。安装时先把不锈钢板在对口处的凹部用螺钉或铁钉固定。再把一根宽度小于凹槽的木条固定在凹槽中间，两边留出相等的间隙，宽约 1mm 左右。然后在木条上涂刷万能胶，待胶面不沾手时，向木条上嵌入不锈钢槽条。

(2) 空心石板圆柱饰面的安装

空心石板圆柱饰面做法如图 6-12 所示，圆形钢骨架安装以后，在镶贴石板前应挂钢丝网、栓铜丝、批嵌 1:3 的水泥砂浆。钢丝网用 16～18 号钢丝，网格为 20～25mm。由于不易直接焊于骨架上，可先焊 8 号铁丝于骨架上，再将钢丝网焊于 8 号铁丝上，然后在横向龙骨上绑铜丝，铜丝伸出钢丝网外，一块石面板用一条铜丝，如石面板尺寸小于 100mm×250mm，可不用铜丝。批嵌水泥砂浆从上向下进行，然后利用靠模由下而上贴石面板。勾挂方法同大理石墙面。

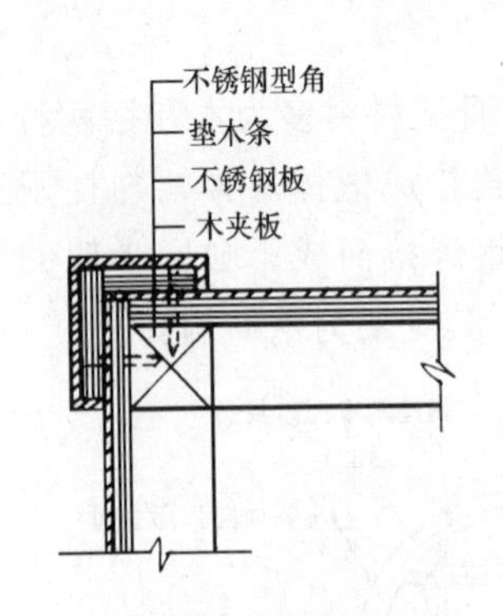

图 6-13 不锈钢方柱的转交收口

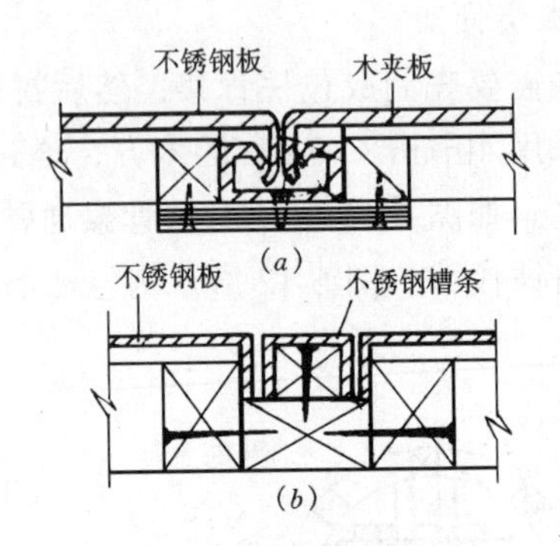

图 6-14 不锈钢饰面板安装

第四节 设备与装饰构造

一、水电的要求与构造

水电工程要保证供水供电可靠，保证使用安全，维修方便，尽可能经济合理，同时应注意与建筑物的配合、协调，不影响美观。水电设备的选择应尽可能与建筑风格完美结合。

（一）给排水管材、卫生器具及其基本构造

给水管材目前主要使用塑料管、钢塑复合管、铝塑复合管等，高级建筑中亦有使用铜管的。传统的镀锌钢管国家已禁止用于生活给水管。排水管主要有塑料管和铸铁管。管材的敷设有明装式和暗装式。对于室内有较高装饰要求的宜采用暗装式。横支管可敷设在管槽或吊顶内，立管可暗装于管槽或管道井内，或用箱、柜等掩盖。

卫生器具按使用功能可分为便溺器具、盥洗及洗淋器具、洗涤器具、其他专用卫生器具等。常用材料有陶瓷、塑料、玻璃钢、水磨石、复合材料等。目前住宅及宾馆内使用的卫生器具主要有虹吸式坐便器、洗脸盆、浴盆、淋浴间等。选择时，除考虑使用功能外，还要考虑价格和节水性能，并与建筑装饰相协调。安装时，应根据标准图集或厂家要求用膨胀螺栓、密封膏等固定、密封。

（二）装饰照明的管线、开关、灯具及其基本构造

装饰照明的管线通常采用暗敷。暗敷的电线管路可埋在主体结构内、吊顶内、装饰结构夹层内。管线如果是在主体上后期暗敷设，应根据设计对主体工程进行刨沟、开洞，但不得影响主体结构安全，埋入墙体的管子外皮离墙表面的距离不应小于15mm。对于敷设在装饰结构夹层内的电线管路应用管卡固定，不得采用绑扎、圆钉盘结等非标准固定方式，固定点间距离不应大于1.5mm。此外，也可以采用难燃PVC线槽明敷布线。

在装饰工程中可根据需要选用暗装面板开关和暗装插座板。面板开关一般装设在墙面上，高度一般不低于1300mm。插座安装的最低高度应在踢脚板的上沿10mm以上。卫生间的洗手池台面、化妆台面上的插座，应距台面150mm以上，以免水浸受潮。开关盒、插座盒应采用至少2枚螺钉固定在主体墙面或装饰面后的龙骨上。盒口应与外装饰面平齐。

装饰照明灯具的种类繁多。这里仅介绍壁灯的安装构造。

壁灯的安装部位为墙面、柱面。可以用灯位盒的安装螺孔旋入螺钉来固定，也可在墙面上打孔置入金属或塑料胀管后再旋入螺钉。壁灯底台固定螺栓一般不少于2枚。体积小，重量轻，并且平衡性较好的小型壁灯可以用一枚螺栓，采取挂式安装。壁灯安装高度一般为灯具中心距地面2.2m以上；宾馆、办公楼等公共场所走廊，因顶棚面较低，可降至2m左右，但应以人走动不能碰撞为准；宾馆客房床头壁灯以1.2～1.4m高较为适宜。

二、空调的类型、要求与构造

空调设备主要有整体式空调器、分体式空调器、中央空调系统等。其中整体式空调器常见的有柜式空调器、窗式空调器等。分体式空调器常见的有壁挂式、落地式、天花嵌入式、复合式（一拖二）等等。设计时可根据房间的大小选择效果好、噪声小、造型美的产品。安装时，可根据不同类型的产品的要求来进行。

窗式空调器宜装在外墙的墙洞中，墙洞高、宽应比空调器稍大些，并在洞口下外侧装三角形支架。支架可用角钢或扁钢制作，用钢膨胀螺栓固定于外墙上。洞口底及支架上面垫以木板，空调器放在木板上。空调器与墙洞间空隙用泡沫塑料块填塞。在空调器上方应设防雨篷。此外，窗机亦可装在窗台上。窗机的安装如图6-15所示。

分体式空调器有室内机和室外机两部分。室内机常配合室内装饰置于地面上、挂于墙面上或吊于顶棚上。安装室内机的墙壁必须足够牢固，以避免振动或产生噪声。室外机必须安装于不易振动的牢固基础或支架上。

送、回风口是中央空调系统中不可缺少的部件。选择的形式与室内气流组织有关，同时也与装饰工程总体布置有关。风口主要有百叶式风口、散流器、条形风口等形式。主要安装于顶棚、侧棚、墙面。风口的安装应做到位置正确，外露部分平整，与天棚面或墙面接触部分严密、无缝隙，风口外表面不得看见螺钉或孔洞、划伤等现象。同一房间内标高要一致，纵横排列整齐，尽量做到与灯具布置协调一致。

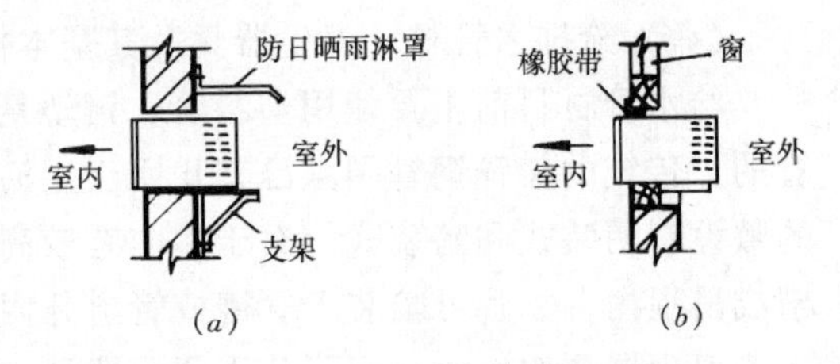

图 6-15　窗式空调器安装

(a) 墙内安装；(b) 窗上安装

三、自动扶梯的要求与构造

自动扶梯是一种由一台特种结构型式的链式输送机（踏步装置）和两台特殊结构型式的胶带输送机（扶手装置）组合而成的，用在建筑物的不同层高间运载人员上下的连续输送机械。自动扶梯在机器停转时也可作普通楼梯使用。目前，它被广泛用于大量人流的建筑中，如火车站、商场、地铁车站等处。

作为一种连续运行的垂直交通设施，自动扶梯应满足以下要求：应具有足够的承载、输送能力；应保证使用安全可靠；结构应紧凑，减少占用空间；应尽可能减轻设备自重；应减少阻力，节约能耗，满足经济要求；运行应平稳，减少噪声；外形应美观，以便兼作建筑物的装饰作用。

自动扶梯由机架、踏步板、扶手带和机房等部件组成。上行时，行人通过梳板步入由电动机械牵动运行的水平踏步上，扶手带和踏步板同步运行，踏步逐渐转至30°正常运行。临近下梯时，踏步逐渐趋近水平，最后通过梳板步入上一楼层，见图 6-16。逆转下行梯的原理相同，只是转向相反。

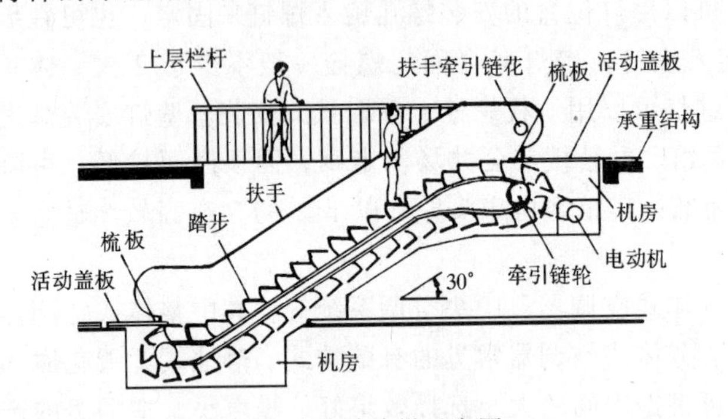

图 6-16　自动扶梯示意图

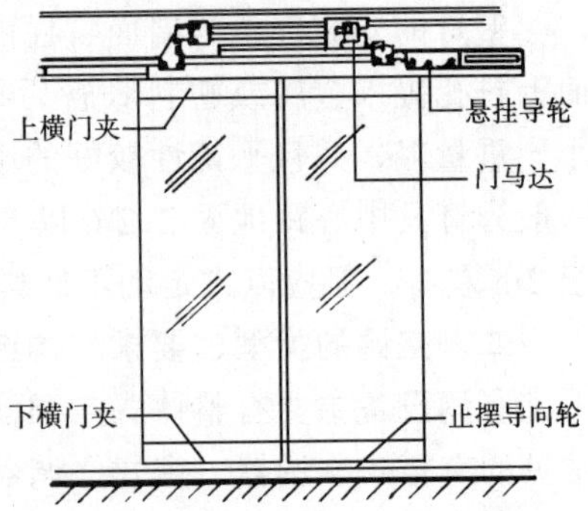

图 6-17　自动门立面

四、感应自动门的要求与构造

感应自动门是利用微波和光电感应装置等高科技而发展起来的一种新型、高级的自动门。其自动开启与关闭是由安装在门上框居中位置的传感器来控制的。当人或通行物进入感应器的感应范围时，门扇便自动开启，离开感应范围后，门扇又自动关闭。感应自动门通常应满足以下要求：(1) 门扇的运行速度要适当，做到迅速开门，缓缓关门；(2) 应安全可靠，确保门扇之间的柔性合缝，避免门意外关闭，将人夹住；(3) 使用方便，轻巧灵活，在断电状态下可作手动移门使用；(4) 感应自动门应具有一定的装饰性，感应自动门标准立面设计主要分为两扇形、四扇形和六扇形等，门扇的开启方式有平开式和推拉式两种。下面仅介绍推拉门的组成及安装构造。

感应自动推拉门通常是由上下导轨、自动门配件与传感器组成。自动推拉门是在导轨上滑行的，设上导轨用来安装门扇导轮，下导轨用作自动门的滑动底脚，固定门扇用。自动门配件主要有机电装置箱，其安装应牢固可靠，要根据厂家给定的固定螺孔位置在土建结构上选择固着基面妥善固定。下导轨为安装在地面上的凹槽，一般用不锈钢板制成 U 形，用螺栓固定在地面上。自动门的构造示意如图 6-17。

思考题与习题

6-1　幕墙具有哪些特点？幕墙的结构类型有哪几种？

6-2　幕墙有哪些基本构造要求？

6-3　采光顶有哪些构造要求？应如何满足这些要求？

6-4　包柱的基本构造包括哪些部分？

6-5　水电安装有哪些基本要求？

6-6　窗式空调器应如何安装？

6-7　自动扶梯由哪些基本部分组成？其工作原理如何？

6-8　感应自动门的各组成部件有何作用？应如何安装？

参 考 文 献

1. 江苏省建设委员会主编．建筑地面工程施工及验收规范．北京：中国计划出版社，1996
2. 李胜才，吴龙声主编．装饰构造．南京：东南大学出版社，1997
3. 陈卫华主编．建筑装饰构造．北京：中国建筑工业出版社，2000
4. 孙鲁，甘佩兰主编．建筑装饰制图与构造．北京：高等教育出版社，1999
5. 高祥生编著．装饰构造图集．南京：江苏科学技术出版社，2001
6. 纪士斌主编．建筑装饰工程施工．北京：清华大学出版社，2002
7. 柳惠钏主编．建筑地面与屋面工程．北京：中国建筑工业出版社，2001
8. 李伟主编．建筑与装饰工程施工工艺．北京：中国建筑工业出版社，2001
9. 建筑配件图集．中南地区建筑标准设计协作组办公室出版，2000
10. 林晓东主编．建筑装饰构造．天津：天津科学技术出版社，1997
11. 杨天佑主编．建筑装饰工程施工．北京：中国建筑工业出版社，1997
12. 陈保胜，陈忠华．建筑装饰构造资料集．北京：中国建筑工业出版社